U0160144

知识进化图解系列

太喜欢飞行原理了

[日] 中村宽治 著
蒋芳婧 译

天津出版传媒集团
天津科学技术出版社

著作权合同登记号：图字02-2019-323号

图书在版编目（CIP）数据

知识进化图解系列. 太喜欢飞行原理了 / (日) 中村宽治著 ; 蒋芳婧译. -- 天津 : 天津科学技术出版社, 2020.7

ISBN 978-7-5576-7190-7

Ⅰ. ①知… Ⅱ. ①中… ②蒋… Ⅲ. ①自然科学－青少年读物②飞行力学－青少年读物 Ⅳ. ①N49②V212-49

中国版本图书馆CIP数据核字(2019)第241853号

知识进化图解系列. 太喜欢飞行原理了

ZHISHI JINHUA TUJIE XILIE. TAI XIHUAN FEIXING YUANLI LE

责任编辑：刘丽燕

责任印制：兰　毅

出　　版：天津出版传媒集团 / 天津科学技术出版社

地　　址：天津市西康路35号

邮　　编：300051

电　　话：（022）23332490

网　　址：www.tjkjcbs.com.cn

发　　行：新华书店经销

印　　刷：山东岩琦印刷科技有限公司

开本 880 × 1230　1/32　印张 4.25　字数 88 000

2020年7月第1版第1次印刷

定价：39.80元

序言

2007 年，日本文艺社出版发行拙作《易懂有趣　飞机的原理》后，我收到了许多来自读者的宝贵意见与建议。于是，我在对该书重新进行全面审视与修改之后，写成了本书。

自莱特兄弟飞行成功以来，天空没有发生改变，而飞机技术却发生了日新月异的变化。尤其是近些年来，飞机领域与计算机领域一道实现了飞速发展。不过，飞行的基本原理与莱特兄弟第一次成功飞行时相比，并未发生巨大变化。那么，为什么近 400 吨重的飞机能够在空中自由飞翔呢？为什么喷气式发动机能够产生巨大的动力？本书将重心放在这些我在孩提时代产生的朴素疑问上，尽量避免使用艰深的专业术语（哪怕因此牺牲一些严谨性），力求让读者能够直观、感性地理解内容。

衷心希望本书能令喜爱飞机的读者们感到有所收获。

2017 年吉日

中村宽治

目 录

第1章 飞机为什么能飞？

力的关系

目录

第2章 喷气式发动机为什么能产生巨大的推力？

发动机

第3章 飞机如何在空中自由飞行？

关于机翼

目录

速度

高度与位置

姿态与方向

发动机控制

从起飞到着陆

第1章

飞机为什么能飞？

汽车与马路、飞机与空气之间的四种力

如果空气不产生任何作用力，就无法支撑飞机飞上天空

汽车之所以能够停在马路上，是因为作用于汽车的**重力**（也就是汽车压在马路上的力），与马路反作用于汽车的力（也就是**支持力**）相互平衡。当汽车以一定速度在马路上行驶时，汽车发动机产生的、使汽车前进的**推力**与马路摩擦力、空气**阻力**等阻碍汽车前进的逆向阻力相互平衡。

如上所述，汽车上一共有四种力发挥作用，它们分别是重力、马路对汽车重力的反作用力、向前的推力以及阻力。

与汽车相同，飞机之所以能够飞起来也是由于上述四种作用力之间取得平衡。然而，不同于马路的是，如果我们不对空气做功，那么空气自身是无法支撑飞机飞上天空的。为了克服重力，就需要从空气中获取使飞机上升的力。而发挥这一作用的装置，就是飞机的机翼。

飞机机翼所产生的力叫作**升力**，而为了获得升力，飞机必须不断向前飞行。也就是说，飞机不仅是为了移动，也是为了获得升力而不断向前飞行。飞机向前飞行，机翼在空气中前进，空气反作用于机翼，由此产生了升力。

飞机发动机所产生的推动飞机前行的力叫作**推力**，空气阻碍飞机前行的力叫作**阻力**。与汽车相同，飞机在相同高度以一定速度飞行时，重力和升力，推力和阻力，大小相同，达到平衡。

升阻比（升力与阻力的比值）是检验飞机性能的一个重要指标。升力为 250 t（吨）[1]，阻力为 14 t 时，升阻比约为 18。这意味着，只需要相当于飞机重量 1/18 的力就可以使飞机保持飞行状态。

1. 力的标准计量单位应为牛（N），作者在这里使用吨作单位，是为了读者更好理解。1 吨 = 9800 牛。——编者注

汽车以一定速度行驶的状态下，其所受四种力之间的平衡关系

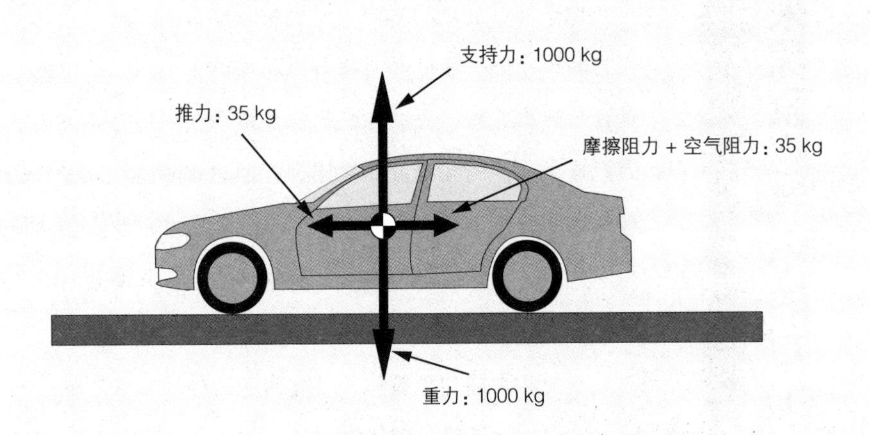

从上图可以看出，使汽车以一定速度行驶的作用力大约等于汽车重量的 1/30。

飞机以一定速度飞行的状态下，其所受四种力之间的平衡关系

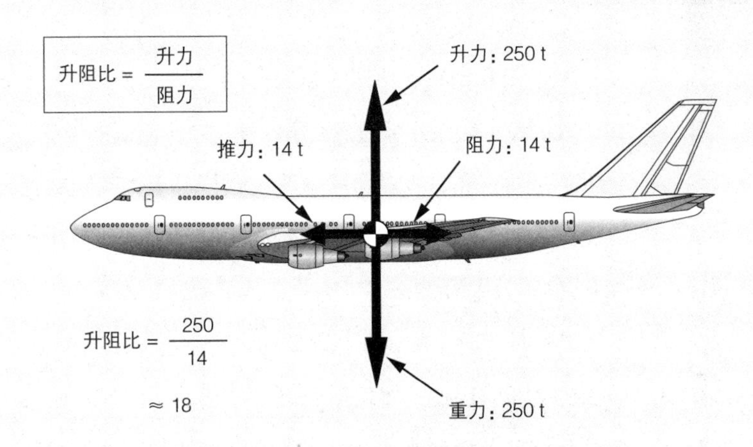

从上图可以看出，使飞机以一定速度飞行的作用力大约等于飞机重量的 1/18。

一起来探索空气中的力(1)

浴室里的吸盘能够紧贴在瓷砖上的原因

为了解支撑飞机飞行的**升力和阻力**分别有多大，我们先试着探索空气可以产生多大的力。

把手伸进静止的水中可以感受到压迫力，这个力我们称之为**静压**。把手伸进如河流等可流动的水中时，我们除了感受到压迫力之外，还会感受到一种推动手向后移动的力，我们把这个力称为**动压**。如果用专业语言来表达，就是：动压存在切向分量，其大小取决于手掌的朝向，以及阻挡水流动的形式。鲤鱼能够轻松承受河流的冲力，在同一处悠然自在地游动，就是很好的证明。

空气和水同属于**流体**，因此两者的静压和动压的定义相同。我们很容易感受到风等流体中的动压，但却不能明确感受到静压，这是因为，我们体内也保持着 1 个标准大气压。

1 个标准大气压指的是在标准大气条件下海平面的气压，其大小相当于支撑起底面积 1 m^2、高 10 m 以上的水柱重量的力，这个力大约为 10 t。

举一个我们在生活中可以实际感受到大气压的例子。比如，人们在不能钉钉子的浴室墙壁瓷砖上所使用的吸盘。

如下页所示，吸盘紧紧地吸附在瓷砖上，其紧贴瓷砖一侧受到的空气压力近乎为零。然而，吸盘的另一侧却受到约 20 kg 的压力作用。

要想取下这个吸盘，就需要相当于举起 4 瓶 500 mL 的瓶装水的力量，因此，要取下吸盘并不容易。然而，如果往吸盘贴住瓷砖的一侧注入空气，那么其两侧都变成 1 个标准大气压，这时就可以轻松取下它了。

1 个标准大气压的大小

如果以空气柱、水柱、水银柱来呈现 1 个标准大气压的压强大小，其高度分别如下图所示：

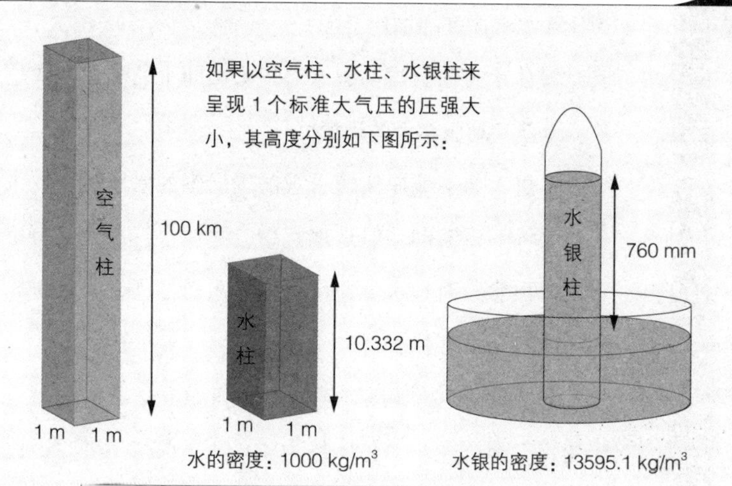

水的密度：$1000\ kg/m^3$　　水银的密度：$13595.1\ kg/m^3$

水银柱产生的压强：$13595.1 \times 0.76 = 10332\ kg/m^2$
水柱产生的压强：$10.332 \times 1000 = 10332\ kg/m^2$
空气柱产生的压强：$10332\ kg/m^2$

吸盘与空气压力

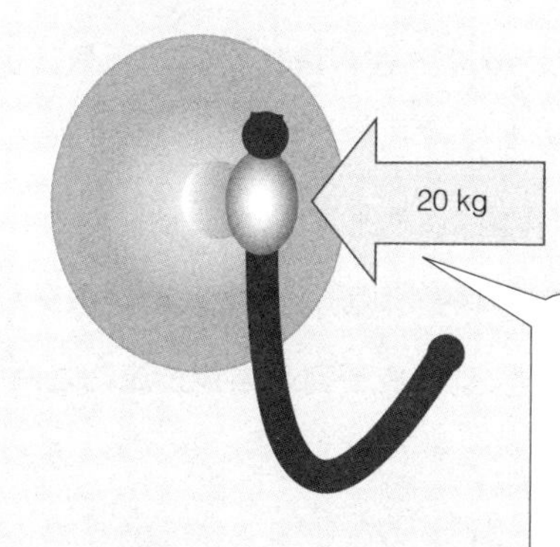

假设吸盘的半径为 2.5 cm，那么吸盘的表面积就是 $2.5 \times 2.5 \times 3.14 \approx 20\ cm^2$，因此，作用于吸盘整体的压力大小为：$20\ cm^2 \times 1\ kg/cm^2 \approx 20\ kg$。

一起来探索空气中的力（2）

静压和动压之间的关系

洗车时，如果捏住水管的前端，水势就会变大，能方便地冲洗掉轮胎周围的污垢。从水龙头流出的水量并没有改变，为什么水流速度却加快了呢?

捏住水管的前端部分水势增大，即水的流速变快这一现象，也就是**动压增大的现象**。

不过，如果被捏住的水管前端周围的水压高于原来的水压，水将不再流动。但是现实中，捏住水管前端部分后，依然可以出水，而且水流速度加快，水势加强，能够将轮胎上的污垢彻底冲洗干净。

造成这一现象的原因在于，流速变快之后，也就是说动压变大，静压变小，整体压力（总压）保持不变，因此并不阻碍水的流动。

那么，我们从能量的角度来思考一下动压变大静压变小这一现象吧。**压力能（静压）**是在狭窄的通道上转化成**动能（动压）**的，而**总能（总压）**根据能量守恒定律保持不变。这就是伯努利定理，如下页图中的公式所示。

上述所有内容，将水替换成空气后依然适用。例如，正面迎风时，身体会受到向后推动的力，这是为什么呢?

这是因为，由于风被身体阻挡，风速为零，此时动能（动压）转化为压力能（静压），阻挡风的一侧静压增大，于是感受到朝向后方的推动力。如上所述，**动压在受到阻挡停止流动之后，才会转化为静压发出作用力**。

静压与动压的关系

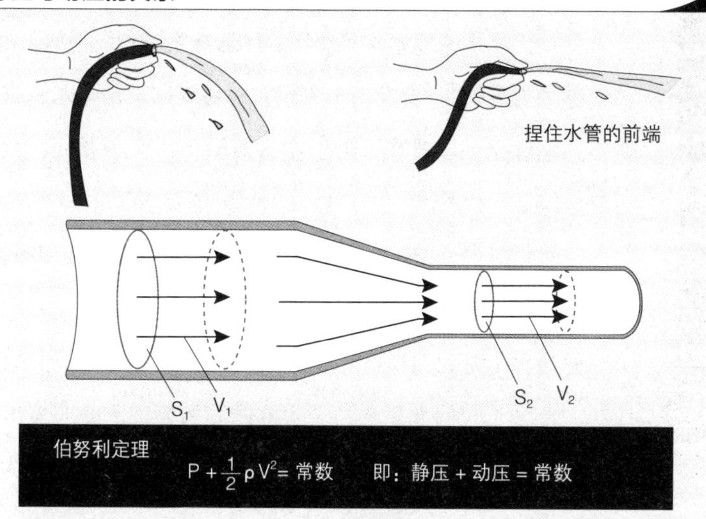

伯努利定理

$P+\frac{1}{2}\rho V^2=$ 常数　　即：静压 + 动压 = 常数

管的横截面积表示为 S_1，速度为 V_1，手指捏住的管口横截面积为 S_2，速度为 V_2，那么，每秒的出气量为 W，

W = 空气密度 × 横截面积 × 移动距离

由于无论横截面大或小 W 均保持不变，

因此

$W=\rho\cdot S_1\cdot V_1\cdot t=\rho\cdot S_2\cdot V_2\cdot t$

由此可得出，$S_1\cdot V_1=S_2\cdot V_2$（连续性定理）

静压表示为 P，则

势能 = 压力体积

$=P\cdot S\cdot V\cdot t$

动能 = 1/2× 质量 × 速度 ^{2}

$=1/2\cdot(P\cdot S\cdot V\cdot t)\cdot V^2$

管口处也一样。

然后，由于管横截面较宽处的能量总和与管口处相同，因此

$P\cdot S_1\cdot V_1\cdot t+1/2\cdot(\rho\cdot S_1\cdot V_1\cdot t)\cdot V_1^2$

$=P\cdot S_2\cdot V_2\cdot t+1/2\cdot(\rho\cdot S_2\cdot V_2\cdot t)\cdot V_2^2$

根据连续性定理

$S_1\cdot V_1=S_2\cdot V_2$

两边同时消去这一公式以及 t，得到

$P+1/2\cdot\rho\cdot V_1^2=P+1/2\cdot\rho V_2^2$

机翼产生的升力是什么？

升力与动压、机翼面积成正比

鲤鱼在河里游动时，能够轻松承受水流动产生的冲力，悠然自得地留在同一个地方。

原因在于流线型这一形状。仔细观察鲤鱼周围的水流（人们称之为流线），会发现水流左右对称。即使部分水流受到阻挡，也就是动压改变，由于左右两侧动压大小相同，力也依然保持平衡状态。

也就是说，**由于动压平衡被打破，其反作用产生了一种力，动压越大，该力也就越大**。

这种力是我们在日常生活中也能体验到的。

比如，我们如果将勺子弯曲的一面靠近水龙头流出的水流，那么就会突然从某个位置发出一种牵引力。这是因为，弯曲一侧的空气受到水流冲击加速，其动压增大，从而产生该力。

另外，向纸的上方吹气，纸会向上升起，也是同样的道理。如下页图所示，使用多块形状不同的木板，以不同角度在风中进行实验，能够发现，选择特定的木板形状以及角度（迎角），能够最高效地产生作用力。

我们将这种机翼利用动压变化所产生的力称为**升力**。说句题外话，如果利用比河流动压大得多的瀑布的动压，“鲤鱼跃龙门”很可能成真。

综上所述，我们发现，机翼能够巧妙依靠空气的流动产生升力，而动压具有切向分量，其大小取决于承受气流的形状，也就是面积，因此，机翼面积越大，所产生的升力就越大。

由此可以得出，**升力与动压、机翼面积成正比**。

能产生升力的气流

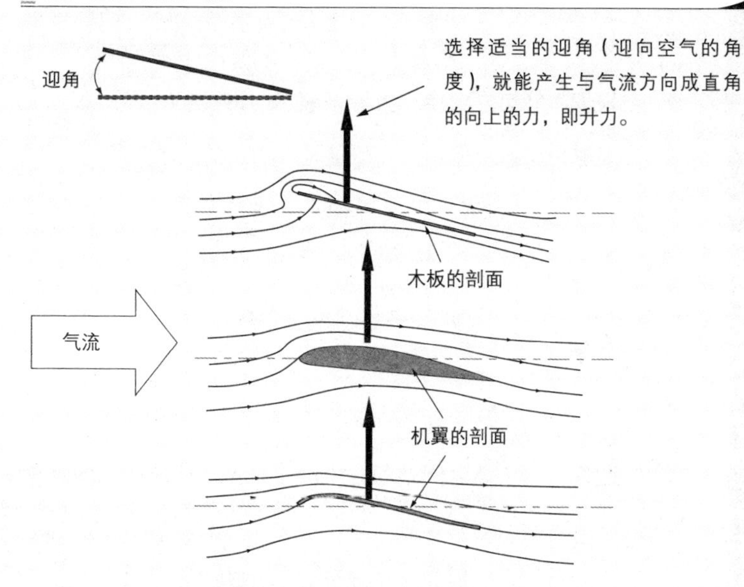

不产生升力的气流

迎角过大时，气流将与机翼表面分离，因而不会产生升力。

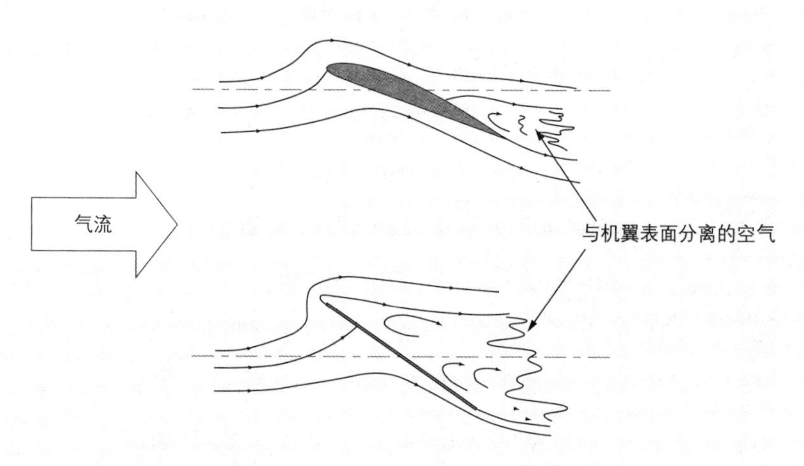

用公式表示升力

升力 = 升力系数 × 动压 × 机翼面积

在这一小节中，我们将升力视作机翼在将气流方向改变为面向机翼后下方时产生的反作用力，从另一个角度来继续探讨升力。

根据牛顿第二定律：**力 = 质量 × 加速度**

能够得出该反作用力（也就是升力）的大小为：

升力 = 空气质量 × 弯曲加速度

因为

加速度 = 速度 ÷ 时间

所以

升力 = 空气的质量 × 速度 ÷ 时间

此外，由于该时间指的是空气完全经过机翼所用的时长，所以

时间 = 机翼长度 ÷ 速度

而

空气质量 = 空气密度 × 机翼体积

机翼体积 = 机翼长度 × 机翼面积

因此能够得出：升力与

空气密度 × 速度^2 × 机翼面积

成正比。将升力系数视作比例系数，那么

升力 = 升力系数 × 空气密度 × 速度^2 × 机翼面积

更简单地说，如果将升力视作机翼很好地承受了动压时来自空气的反作用力，那么，作用于整个机翼的力 = 动压 × 机翼面积，所以升力可以表示为：

升力 = 升力系数 × 动压 × 机翼面积

总结以上内容，可得出下页图所示公式。

升力的计算公式

因为升力随机翼承受的动压变化而变化，
所以，升力与（动压 × 机翼面积）成正比。
如果把升力系数当作比例系数，就能得出下列公式：

升力 = 升力系数 × 动压 × 机翼面积

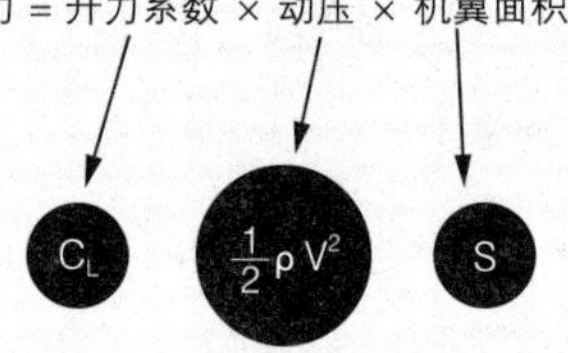

经过机翼剖面的空气与升力的大小

当左右对称的机翼迎角为零时，左右动压的变化相同，因此不会产生升力。例如，垂直尾翼迎角为零，不产生升力。

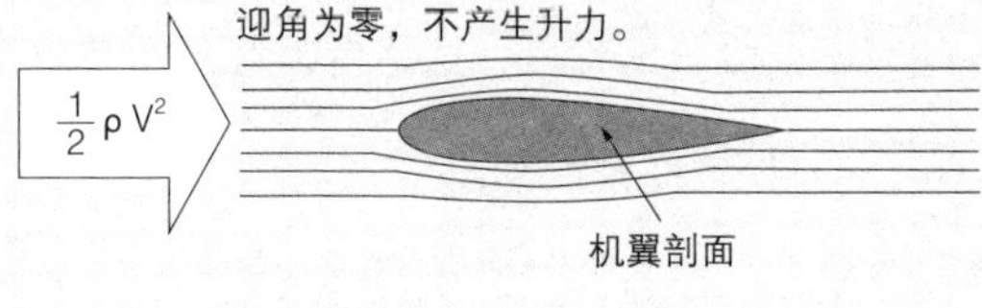

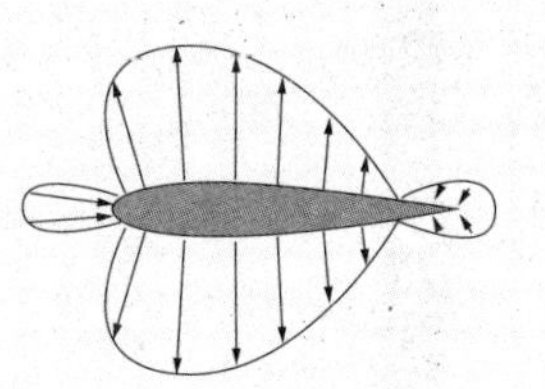

迎角变小，气流向后方弯曲的程度也会变小，按照公式，也就是升力系数减小，因此升力减小。

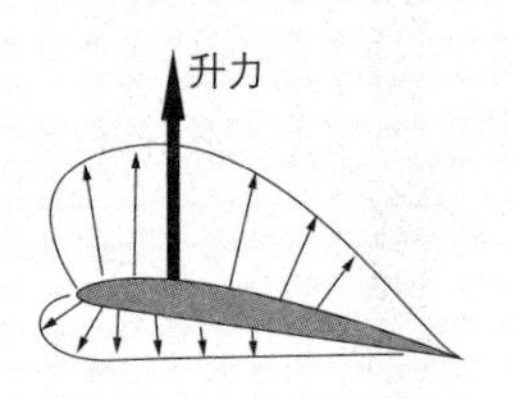

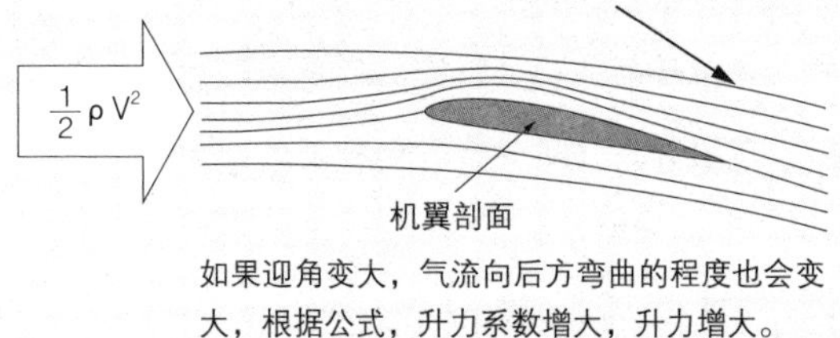

如果迎角变大，气流向后方弯曲的程度也会变大，根据公式，升力系数增大，升力增大。

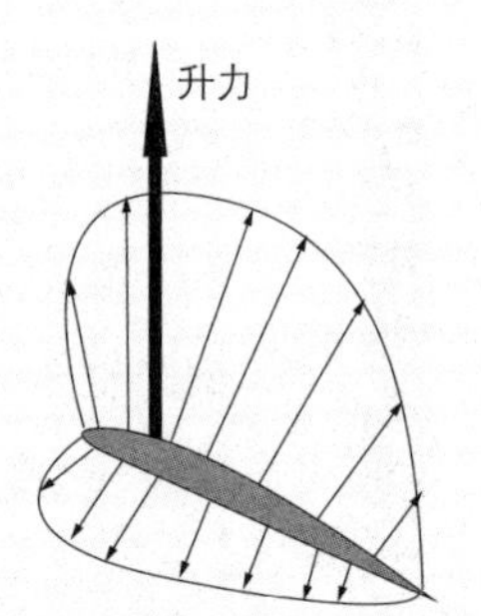

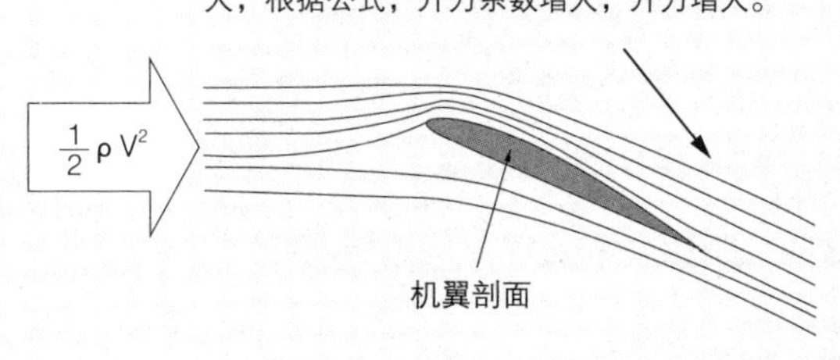

飞机受到空气作用的力——动压

空气垂直于飞机行进方向产生的作用力为升力，水平逆向的作用力为阻力

众所周知，伽利略在比萨斜塔所做的实验表明，从某一高度抛下物体，若不计空气阻力，那么，**不管物体重量如何，它的下落速度都将相同**。

如下页图所示，物体的降落速度以 9.8 m/s 的速度加速。这是重力产生的加速度。如果没有空气阻力，物体将加速下落（自由落体）。

例如，在跳伞运动中，刚开始降落的几秒内，运动员受重力加速度的影响加速降落，但在几秒钟后，运动员将匀速降落（俯面向下时，时速约为 200 km）。这是由于，**来自空气的阻力与运动员自身的重力之间达到了平衡**。

降落伞一打开，阻力就会增大，令降落伞逐渐减速，减速到运动员着陆时不会骨折的程度，这之后，阻力将保持一定大小，令降落伞缓慢降落并着陆。

由此，我们明白了在空气中高速移动时，将受到来自空气的作用力。当飞机在空中飞行时，所受到的来自空气的作用力可以分为两种：

空气作用于飞机并与飞机飞行方向成直角的升力；

空气作用于飞机并与飞机飞行方向相反的阻力。

也就是说，升力和阻力其实都是空气作用于飞机的力，只不过作用方向不同，因此名称不同。

如前文所述，来自空气的作用力就是**动压**。阻力和升力都与动压成正比，因此计算公式基本相同。其不同点仅仅在于公式中用到的是阻力系数还是升力系数而已。

无空气阻力时的自由落体

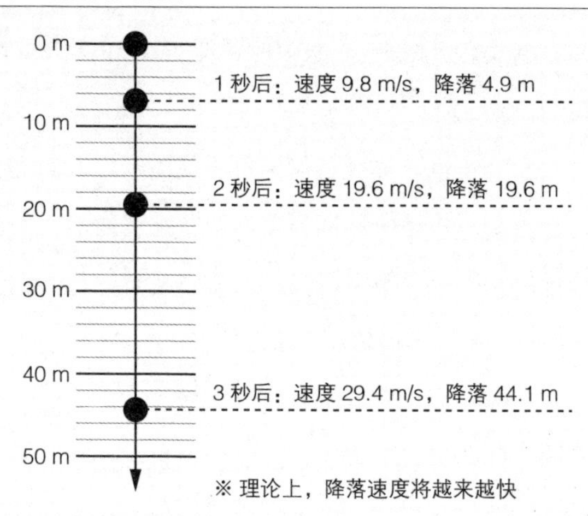

※ 理论上，降落速度将越来越快

在空气阻力作用下的降落情况

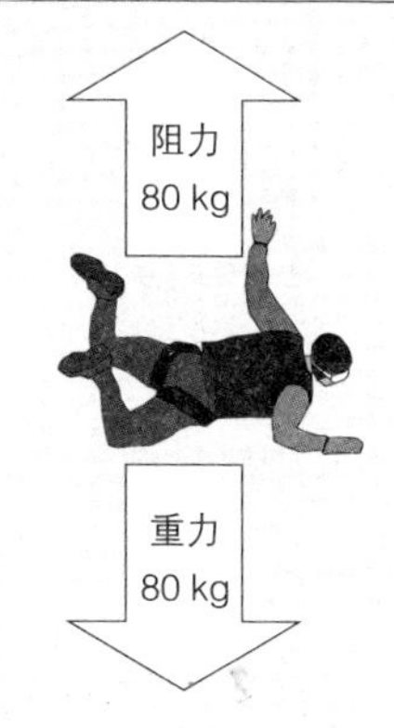

跳伞运动

跳下几秒后，空气阻力等于重力，此时匀速降落。

体重 80 kg（含装备重量）的情况下，时速可达到 200 km！

阻力公式

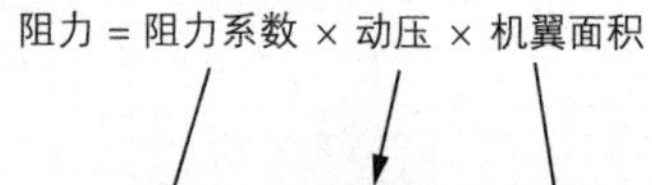

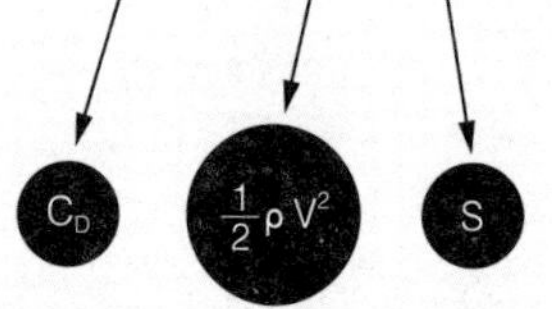

升力：
空气作用于飞机的力中，与飞机飞行方向成直角的力。

阻力：
空气作用于飞机的力中，与飞机飞行方向相反的力。

『前进的力』是如何产生的？

飞行器、直升机以及鸟类之间的区别

鸟类通过巧妙地扇动翅膀，鼓动气流，从而在翅膀根部到翅膀中间部位产生升力，翅膀前端产生推力。

鸟类仅用翅膀就能同时产生升力和推力，在空中自由飞翔。

直升机也是如此，仅凭机翼就能产生升力和推力。它的飞行原理与竹蜻蜓相同，依靠旋转机翼而不是振翅产生升力和推力。由于这类飞行器一边旋转机翼一边飞行，因此人们又把直升机称为**旋转翼飞机**。

而固定翼飞机则无须旋转机翼，正如其名，其机翼本身是固定的，所以不能振翅。要想用机翼截断气流，就必须向前飞行以替代振翅。做到向前飞行的最简单的办法就是从高处起飞。如果能在着陆之前获得足够的升力，就能成功飞行。

1903 年，莱特兄弟使用汽车发动机带动螺旋桨飞速旋转，成功实现人类历史上第一次动力飞行。30 年后，人类社会进入喷气式发动机时代，喷气式发动机至今仍是客机的主流选择。

简单来说，喷气式发动机原理与膨胀的气球飞行原理相同（见第 21 页）。只不过，气球在内部空气释放完之后，就无法再飞，而喷气式发动机则是将吸入的大量空气向后加速喷出，所以只要周围有空气就能飞行。**“喷出空气”对应的英文单词为“jet”，**因此英文中这种发动机被命名为“jet engine”（喷气式发动机）。

前进的力

鸟

鸟类扇动翅膀，在翅膀根部周围产生升力，翅膀前端产生推力。

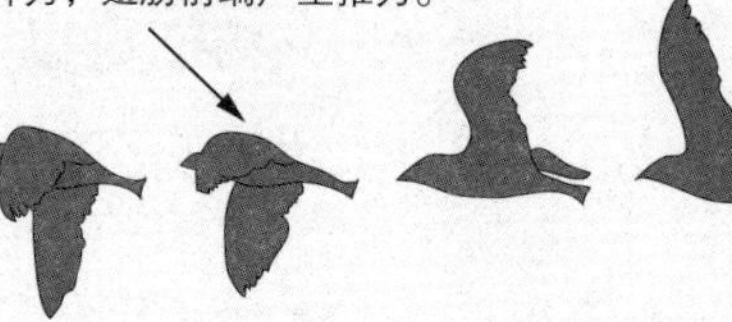

竹蜻蜓

直升机的飞行原理也是一样的。

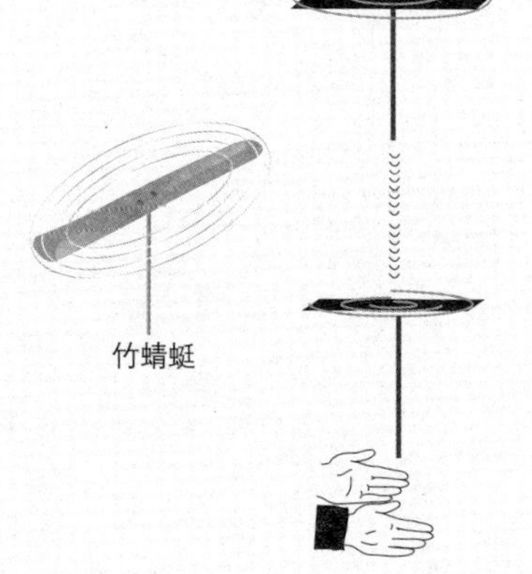

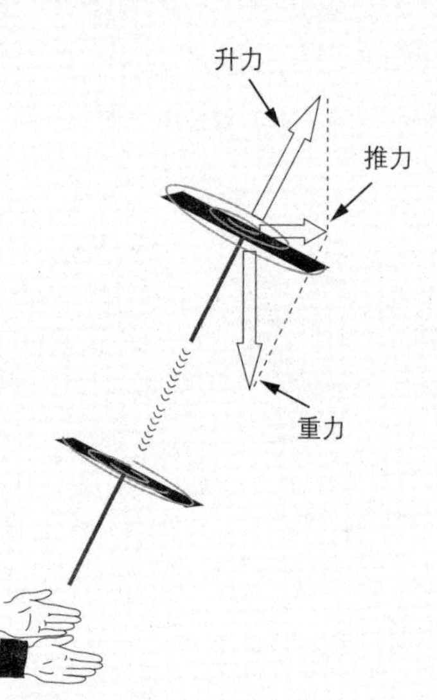

莱特兄弟在有动力飞行前进行的是滑翔飞行。

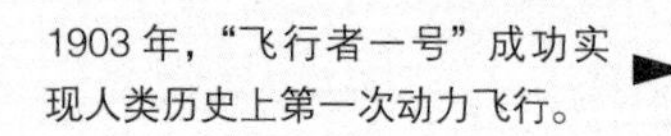

1903 年，“飞行者一号”成功实现人类历史上第一次动力飞行。

烟花大会

猫和飞机颠簸

日本人常说，世界上最可怕的事物依次是“地震、雷电、火灾、父亲”。其中高居榜首的地震对在空中飞行的飞机来说，几乎没有影响。对飞机来说，最可怕的是机舱内的火灾，其次就是雷电。在航空界，只要提到代表积雨云（也就是人们通常所说的雷雨云）的符号 Cb，所有人都会驻足聆听。特别是在出梅和初夏的傍晚，只要说到有烟花大会，就意味着会有雷电出现。雷电交加下闪烁的云彩如同大自然描绘的画卷一般绚丽，但只可远观而无法靠近。说到烟花，真正的烟花从上空来看，如同五彩缤纷的发光小球，在日本的夏季盂兰盆节（7 月或 8 月）期间，随处可以观赏到真正的烟花大会。

碧空无云的晴天发生的飞机颠簸现象，人们称之为“猫”（CAT，即 Clear Air Turbulence 的缩略语）。由于这种颠簸就像猫一样神出鬼没，突然出现，命名为“猫”十分贴切。特别是在檀香山和美国西海岸方向，选择有急流能带来顺风的航线会遭遇较多晴空颠簸。因此，在该条航线上，当飞行员进行位置报告（向空中交通管制机构报告飞机位置）时，也会一并报告颠簸信息，以便其他飞机也能得到相关信息。

第2章

喷气式发动机为什么能产生巨大的推力？

探寻喷气式发动机的原理

让气球飞出去的空气作用力的大小

汽车是由发动机带动轮胎转动从而行驶的，那么为什么轮胎转动，汽车就能行驶呢？

其原因在于，马路与轮胎之间存在**摩擦力**。当汽车轮胎转动时，轮胎向马路施加向后的作用力，马路对此作用力产生的**反作用力**使得汽车能够向前行驶。

同理，放气的气球也是由于反作用力而飞出去的。充气口喷出的空气会对气球产生反作用力，使它向着空气喷出方向的相反方向飞出去。反作用力的大小随着充气口喷出的空气的量与速度的变化而变化。单位时间内喷出的空气越多，气体的喷出速度越快，气球就飞得越快越远。

这一原理可以表示为以下公式：

让气球飞出去的空气作用力的大小 = 单位时间喷出的空气质量 × 喷出速度

吹大的气球之所以能快速喷出气体，是因为气球内部的压强大于外部的压强。这意味着**压缩空气具有能量**，不过，当气球内的空气放完后，气球就无法继续飞了。

因此，**只要不停地吸入周围的空气，将之压缩后喷出，如此循环，便可不间断地产生力**。其大致原理如下页图所示。

要实现连续压缩，就需要使用热能转动涡轮机。其原理如下：涡轮机带动压气机旋转，从进气口吸入空气并进行压缩。给被压缩的空气施加热能、转动涡轮机，就能使剩下的压缩空气通过尾喷管向后方排出。

压缩空气具有工作能

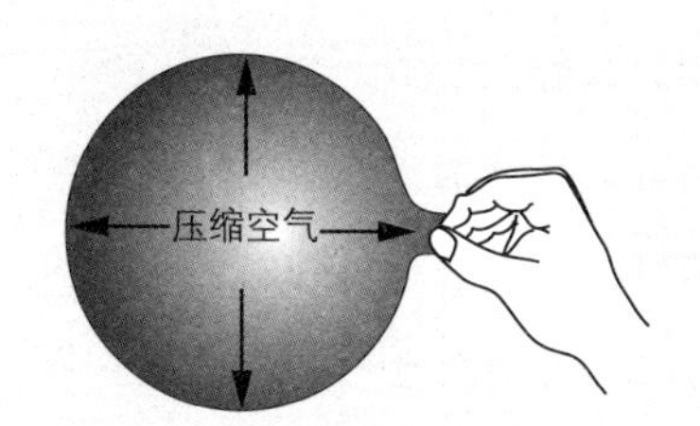

压缩空气具有工作能（能量）

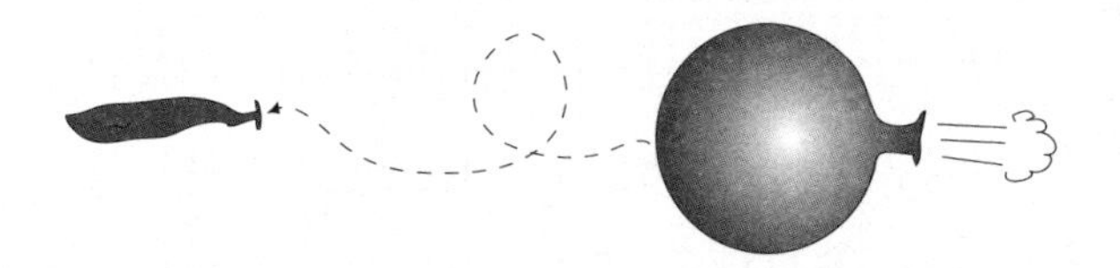

使气球飞出去的力 = 单位时间喷出的空气质量 × 喷出速度

喷气式发动机的工作原理大致如下图所示

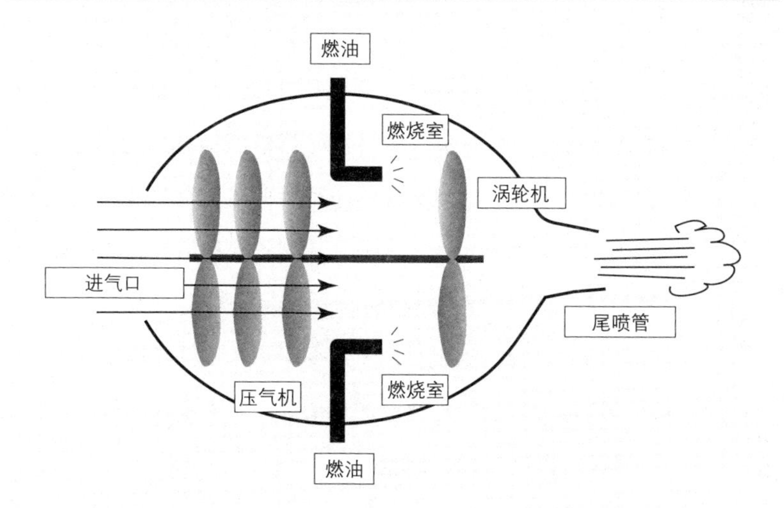

增大推力的两种方法

吸入更多空气或加快空气喷出速度

被称为“空中贵妇人”的 DC–8、“梦幻喷气机”波音 727、作为中短程双发喷气式客机而为人熟知的初期波音 737 等飞机，在起飞时都会发出很大的噪声。

但是，现在的喷气式飞机起飞时发出的声音比较接近螺旋桨式飞机。这二者之间的区别是什么呢？首先我们来思考一下喷气式发动机与气球的区别。

气球通过喷出内部的气体得到力，此过程与气球的飞行速度无关。而喷气式发动机则需要吸入周围的空气，因此其工作很大程度上受到吸入空气速度的影响。换句话说，要让发动机产生推力，其**喷出空气的速度必须大于吸入空气的速度**。

由于飞机起飞时速度为零，因此不会有什么问题。但是当飞机在空中以 800 km/h 的速度飞行时，喷出空气的速度就必须大于 800 km/h。

如果没有将空气加速到超过飞行速度，就不能获得有效的作用力。

例如，假设有这样一种交通工具，它通过吸入水再向后方迅速喷出从而在水中移动。该交通工具向河流上游行驶时，向后方喷出水的速度必须大于河水的流速，才能前行。要产生前进的力就必须赋予水流加速度，换句话说，就是必须让水加速流动。喷气式发动机也是相同的原理。

由此可得出如下页图所示的推力公式。我们发现，增大推力有两种方法：**一种是增加单位时间内吸入空气的量，另一种是提高空气的喷出速度**。

气球的前进与飞行速度无关

让气球飞出去的力 = 单位时间喷出的空气质量 × 喷出速度

令气球飞出去的力由喷出速度决定，与周围空气无关。

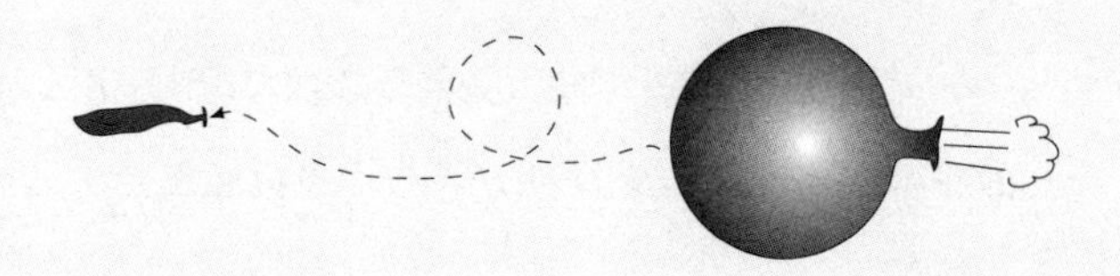

喷气式发动机受飞行速度影响

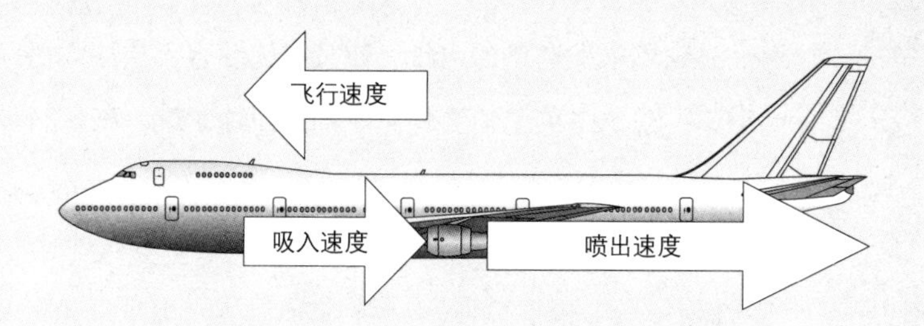

由于喷气式发动机的空气吸入速度与飞行速度相同，喷出速度不大于吸入速度的话，空气将无法运动，也就不会产生推力。由此得出以下推力公式：

推力 = 单位时间喷出的空气质量 ×（喷出速度 – 飞行速度）

我们把这种将飞行速度考虑在内的推力称为净推力，把不考虑飞行速度的推力，也就是与令气球飞出去的公式相同的推力称为总推力。

涡轮风扇发动机成为主流的原因

载人更多，飞行距离更远

飞机要**搭载更多乘客，飞得更安静、更高、更快、更远**，就需要使用推力强、油耗低的喷气式发动机，而不是声音大的发动机。

要让飞机飞得更快，就必须提高喷气速度。在过去某个时期，人们用东京飞大阪只花费 27 分钟来强调喷气式客机速度之快。

然而，提速这一方式大量消耗燃油，还制造出巨大的噪声，效率却并不高。因为这种方式与令飞机能飞得更远的诉求是相悖的。

于是，为了增加推力，人们开发出**涡轮风扇发动机**，即在发动机的前面安装被称为**风扇**的巨大叶片，以便吸入更多空气。

涡轮风扇发动机的出现，使飞机能够直飞横穿大西洋和太平洋。它让飞机无须为补充燃油而中途着陆，抵达目的地所需的飞行时间大幅缩短，还让飞机具备了飞得更快的条件。

此外，由于喷气速度小，风扇喷出的空气起到消声作用，因此噪声也大幅减小。

发动机的输出功率中有多大百分比转换为用于推进的能量呢？**推进效率**这一指标是其衡量方式之一。

从下页图的推进效率公式可以看出，**发动机的喷气速度越接近飞行速度，效率越高**。由此可以发现，涡轮风扇发动机将大量空气以接近飞行速度的速度从风扇中喷出，推进效率很高。

推进效率是什么

$$推进效率 = \frac{推力做功}{进排气的机械能之差}$$

V_a：飞行速度　V_j：喷射速度　m：空气质量

$$推力 = m\frac{V_j - V_a}{t}$$

而功 = 力 × 距离

$$因此，推力做功 = m\frac{V_j - V_a}{t} \cdot V_a \cdot t$$

$$进排气的机械能之差 = \frac{1}{2}mV_j^2 - \frac{1}{2}mV_a^2$$

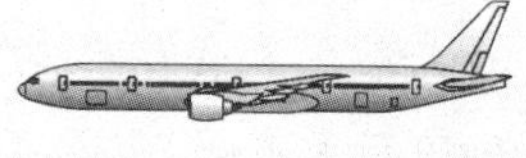

$$= \frac{1}{2}m(V_j^2 - V_a^2)$$

由此得出推进效率η：

$$\eta = \frac{m(V_j - V_a)V_a}{\frac{1}{2}m(V_j^2 - V_a^2)}$$

$$= \frac{(V_j - V_a)V_a}{\frac{1}{2}(V_j - V_a)(V_j + V_a)}$$

$$\therefore \quad \eta = \frac{2}{1 + \frac{V_j}{V_a}}$$

$$推进效率 = \frac{2}{1 + (喷射速度 / 飞行速度)}$$

由公式可知，喷射速度越接近飞行速度，推进效率越高。

探索涡轮风扇发动机的内部

进气口可看到风扇

本节，我们来探索涡轮风扇发动机的结构。

首先观察发动机的入口。从发动机的前方看发动机，可以看到一个外形像啤酒桶的进气口，它的名字是**发动机整流罩**（nose cowl）。

仔细观察发动机整流罩，会发现，与狭窄的入口相比，里面的空间较为宽敞。这种设计原因在于空气以下特性：**气流从较为狭窄的地方流向较为宽敞的地方时，其流速将减小。这与本书前面提到的水管出水处狭窄的情况正好相反，是将动压转化为静压**。也可以说，压缩过程从空气入口处便已开始。

此外，发动机整流罩还具备在飞机速度或飞行姿态发生较大改变时依然能够高效吸入空气的功能，其形状看似平淡无奇，实际暗藏许多技术。

如果发动机整流罩周围结冰，冰脱落后进入发动机内部，就会重创正在高速运转的风扇。（这被称为FOD，即foreign object debris[1]。）

因此，涡轮风扇发动机上配备了一种装置，使飞机在云中飞行时，通过热空气和电力加热发动机整流罩周围，防止结冰。**涡轮风扇发动机的唯一缺点就是它那可能误吸入冰块、鸟类等异物的进气口。**

我们能够在发动机整流罩的后部观察到风扇。图中是CF6发动机，它的直径约2.4 m，成人站进去后空间依然有富余。随着时代进步，风扇的材质和强度不断升级，未来将朝着更大的方向发展，如GE90发动机的直径已达到3.5 m。

---

1. 意为可能损害航空器的某种外来的物质、碎屑或物体。——译者注

进气口的作用

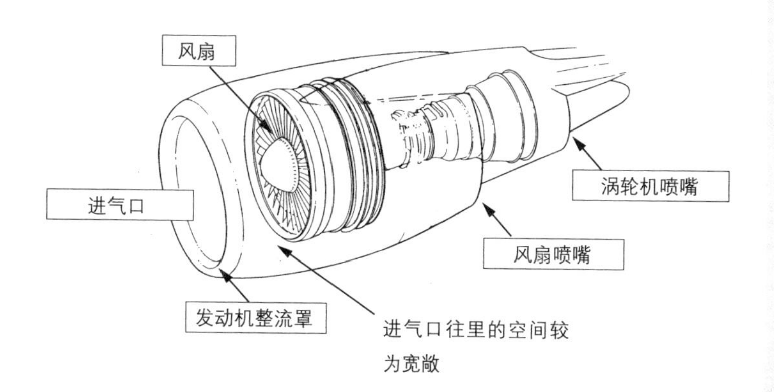

气流从较窄处流向较宽处时，流速变慢，气压升高。
可以说，空气的压缩过程从发动机整流罩处便已开始。

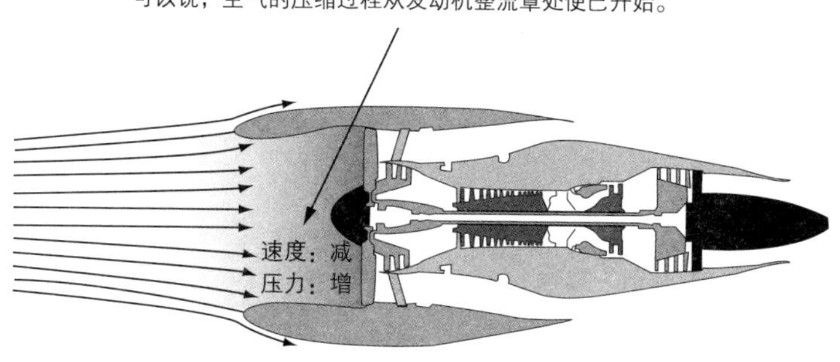

飞行速度变化幅度非常大,其变化区间为0到超过0.8倍声速。发动机整流罩的暗藏技术能够使进入发动机内部的空气流速维持在0.5倍声速左右。

风扇的巨大作用

喷出普通空气，产生巨大动力

从发动机整流罩流入的空气，并非全都能进入发动机内部。比如 CF6 发动机，进入发动机内部的空气约占 16%，83% 以上的空气未被燃烧，通过风扇原封不动地从发动机后方喷出。

在发动机吸入的全部空气中，未进入发动机内部，被风扇喷出的空气与涡轮机排出的空气之比叫作**涵道比**，这是涡轮风扇发动机性能的衡量标准之一。因为 83 ÷ 16≈5，所以 CF6 发动机的涵道比为 5。

风扇把大量加速气流以较慢的速度喷出，实际上创造了全部推进力的 75%。涡轮风扇发动机仅利用吸入空气的 16% 来使巨大的风扇转动，因此可以说是一款效率非常高的发动机。

此外，随着风扇朝着越来越大的方向发展，其转速出现越来越慢的发展趋势。

例如，早期的涡轮风扇发动机——JT8D 发动机，其风扇直径约为 1 m，涵道比为 1.1，最大转速达到每分钟 8600 转。而 CF6 发动机的风扇直径约为 2.4 m，最大转速为每分钟 3600 转；风扇直径达 3.25 m 之长的 GE90-115B 发动机，其转速远远低于前者，最大转速也只有每分钟 2355 转。

尽管风扇转速变慢了，但推力却大幅增加：JT8D 发动机的推力约为 6.4 t，GE90-115B 发动机则约为 52.3 t。由此可见，后者以较慢的速度喷出了大量空气。

风扇的巨大作用

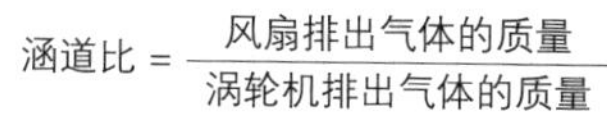

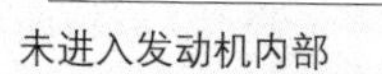

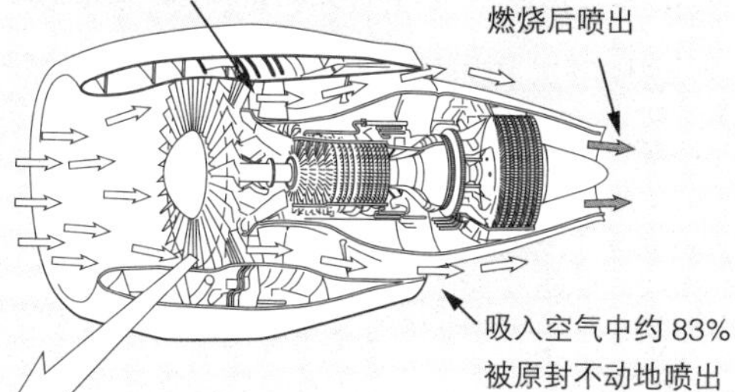

CF6 发动机
风扇直径：2.36 m
涵道比：5.0
风扇转速：3600 r/min
风扇的扇叶数：38
材质：钛合金

风扇

GE90-115B 发动机
风扇直径：3.25 m
涵道比：9.0
风扇转速：2355 r/min
风扇的扇叶数：22
材质：合成树脂与合成纤维高强度复合材料
前缘用钛合金覆盖

风扇

空气从进入压气机到排出的过程

空气先在逐渐变窄的通道中被压缩，接着进入变宽的通道，燃烧后再经压缩排出

空气一进入发动机，就会首先被与风扇同轴的**低压压气机**压缩。

下一站是**高压压气机**。顾名思义，高压压气机就是通过高压对空气进行压缩的地方，越往内部越窄。之所以变窄，是为了保持体积被压缩后变小的空气流速稳定。

空气经过高压压气机后，体积将被压缩到原来的三四十分之一，甚至更小。

经过压缩后的空气具有充足能量，为了调整到适合燃烧的速度和压力，压缩空气通过名为**扩散器**的宽阔通道进入**燃烧室**。

在燃烧室给与燃油混合后的气体点火的装置，是与汽车的汽油发动机相同的火花塞，但和汽车不同的是，飞机的火花塞只在发动机起动时使用，起动后持续燃烧，因此没有必要再次使用。混合气体的燃烧温度可达 1300 ℃以上。

经过压缩且蓄积了热能的气体为提高能量效率逐渐膨胀，同时带动涡轮运转，高压涡轮带动高压压气机高速运转，而低压涡轮则使用其余能量带动低压压气机及其同轴风扇运转。

空气的压力能在带动涡轮、风扇和压气机运转后，剩余的能量转换为速度能量，也就是说，排气喷管为将这些空气加速排出而对之进行了压缩。

虽然喷气式发动机的机箱外形像啤酒桶，但它内部设计错落有致、十分精巧，绝非一成不变的圆筒形。

发动机各部分的名称

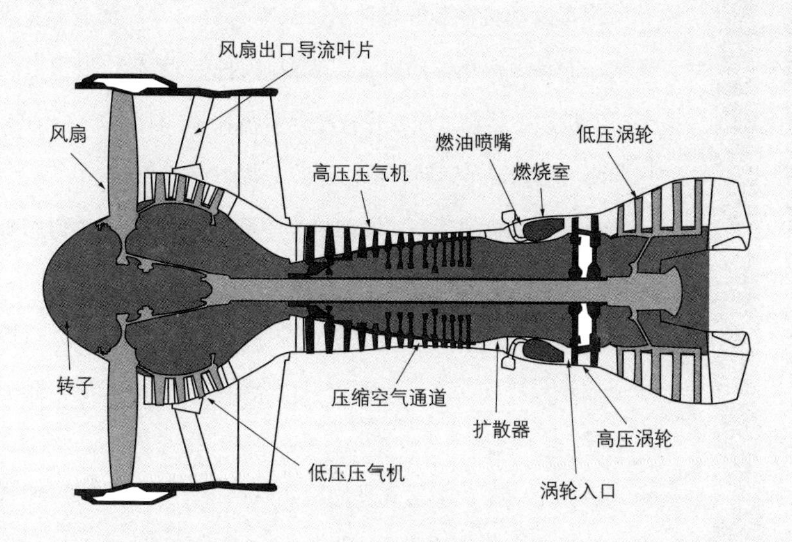

CF6 发动机

风扇、低压压气机和带动前二者旋转的低压涡轮，高压压气机和带动其旋转的高压涡轮为各自独立驱动的双轴式（双转子）结构。

燃烧室的温度最高可超过 1300 ℃，这也是火山灰熔化的温度，因此，如果发动机吸入火山灰，那么熔化的火山灰就会附着在涡轮上，给发动机带来极大的危害，所以涡扇发动机飞机会避免在喷发的火山周边飞行。

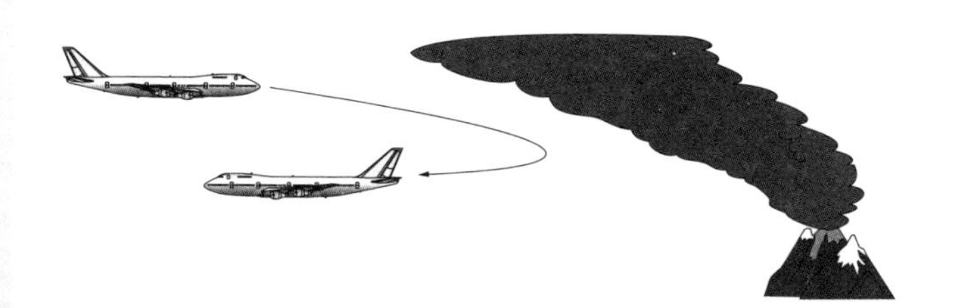

发动机起动准备

发动机实现自主运转前需要帮助

通过前面的内容，我们了解了喷气式发动机的概况，接下来，我们来学习发动机的运转机制。

汽车发动机在装好燃油后，仅靠自身动力实现不了从静止状态起动。汽车发动机要实现以自身动力运转，必须借助于**起动机**这一装置。插入并转动车钥匙之后，只需 2～3 秒钟，汽车便可进入慢车运转（低速运转）状态。

然而，飞机的喷气式发动机却不可能在 2～3 秒钟内完成发动机起动。喷气式客机并未配备用于起动发动机的钥匙。

大家可能看过这样的情景：微风吹过，飞机发动机咔啦咔啦地轻轻转动起来。看上去，让飞机发动机起动似乎并不是难事。

事实上，要让喷气式发动机实现从静止状态进入运转状态，需要非常大的作用力。为此，飞机要实现自力运转，需要借助于气动起动机（**压缩空气起动机**）这一装置，而不是用于汽车的电动起动机。

所谓气动就是“通过空气作用”的意思，即通过使用压缩空气的涡轮机来驱动起动机。

由于带动涡轮机转动的空气取之不尽，并且具备虽然身材小、重量轻，却能带来巨大的作用力的优势，因此，对飞机来说，这种起动方式非常方便。

此外，波音 787 使用一种叫作 VFSG（variable frequency starter generator，变频起动发电机）的，同时具备发电机与起动机功能的装置来实现发动机起动。

压缩空气起动机

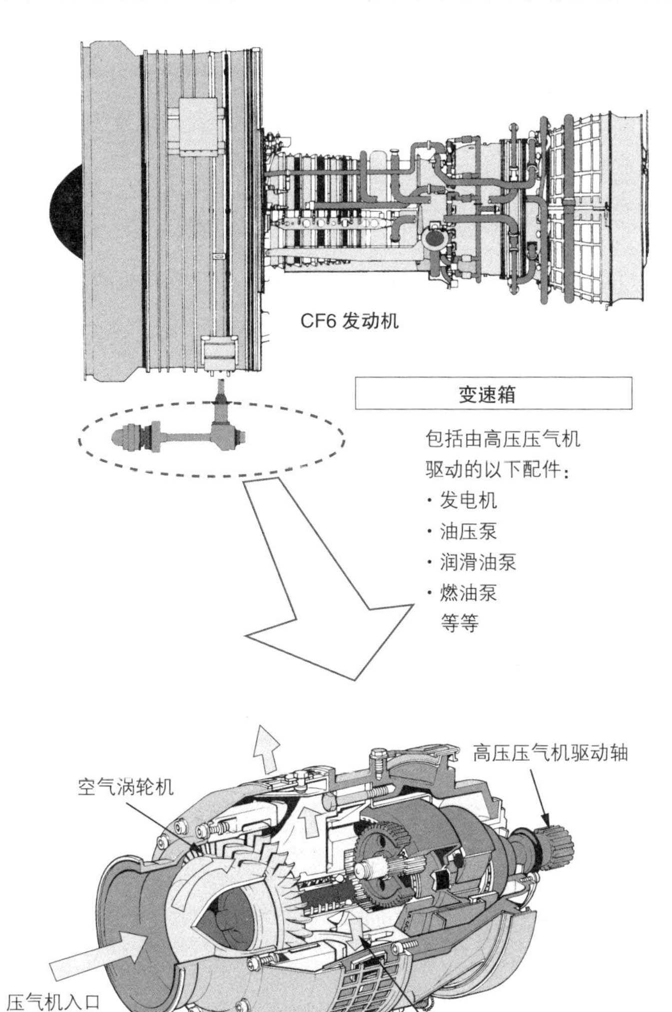
CF6 发动机
变速箱
包括由高压压气机
驱动的以下配件：
· 发电机
· 油压泵
· 润滑油泵
· 燃油泵
等等
高压压气机驱动轴
空气涡轮机
压气机入口
气流

发动机起动（1）

加燃油之前的步骤

绝大部分喷气式客机有两个发动机的起动按钮，它们分别是开动发动机的**起动开关**和向发动机输送燃油的**燃油控制开关**（有的飞机上叫作**发动机控制开关**）。燃油控制开关不只是在起动发动机时使用，当完成飞行或发动机出现故障必须立刻使发动机停止工作时，也会使用，以阻断对发动机的燃油输送，从而令发动机停止工作。

在飞行的过程中，**发动机也可以实现起动。地面上的微风都能让发动机中的扇叶转动，因此，只要飞机时速在 300 km 左右，发动机就可以不借助起动机的作用实现起动。其原理类似汽车发动机可以通过物理推动实现起动。**

发动机的起动步骤具体如下：首先，将起动开关调到“START”。此时，向起动机输送压缩空气的起动阀开启，起动机开始转动。

通过传动装置，高压压气机开始转动，风扇和低压压气机也随之开始转动。进气口开始吸入空气。

接下来，将燃油控制开关调到“RUN”，此时燃油总开关将打开，但燃油并不能立刻输送到燃烧室。这是由于如果没有充足的压缩空气，就会发生异常燃烧，因此，燃烧室前的燃油高压阀会保持关闭状态，直到发动机转速达到能够获得足够的压缩空气的程度时才会打开。

发动机起动原理

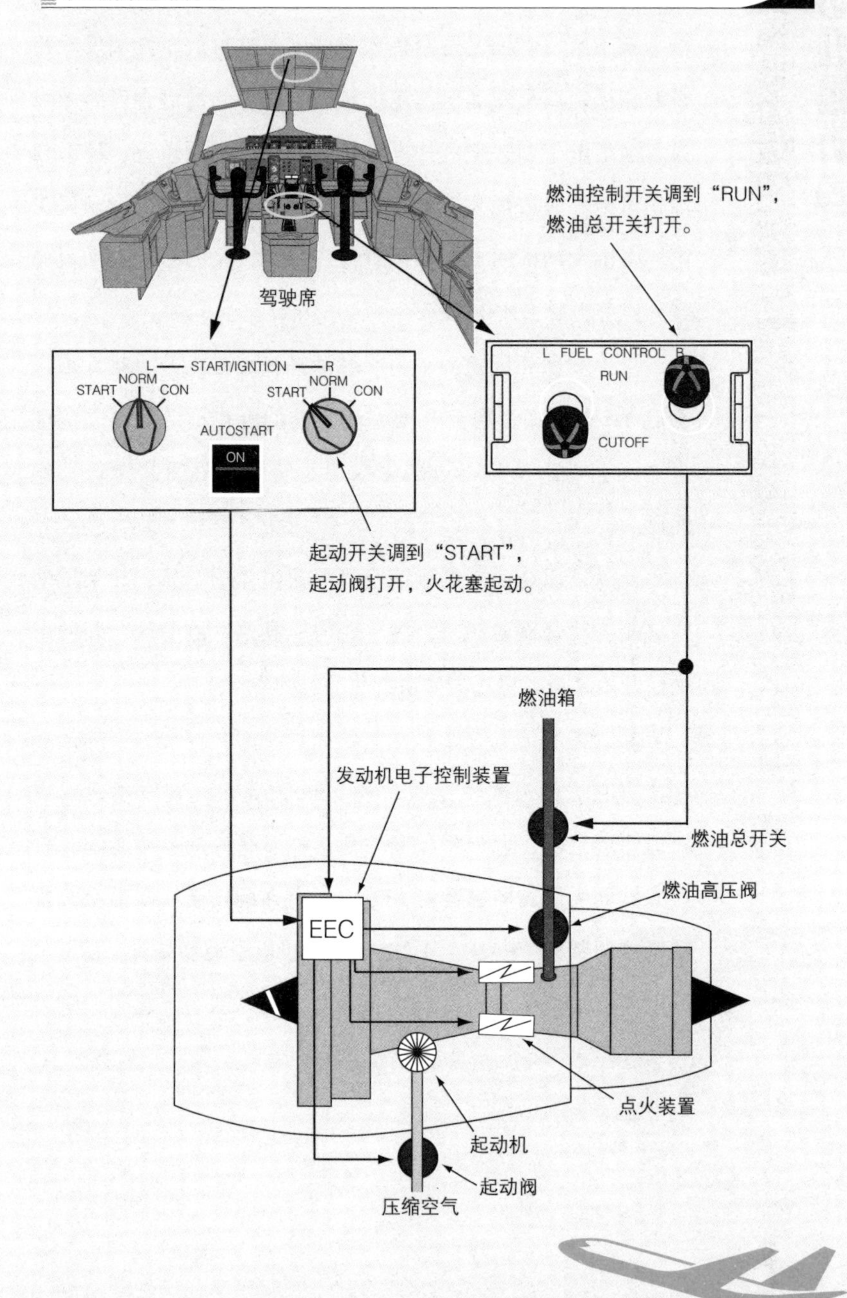
驾驶席
燃油控制开关调到“RUN”，
燃油总开关打开。
L — START/IGNTION — R
START
NORM
CON
AUTOSTART
ON
L FUEL CONTROL R
RUN
CUTOFF
起动开关调到“START”，
起动阀打开，火花塞起动。
燃油箱
发动机电子控制装置
燃油总开关
燃油高压阀
EEC
点火装置
起动机
起动阀
压缩空气

发动机起动（2）

实现自力运转前的过程

将燃油控制开关调至"RUN"的位置后，达到规定转速（2000 r/min）时，火花塞将发出啪叽啪叽的声音并迸发出火花。

接下来，燃油会逐渐进入燃烧室。这与汽车汽油发动机正好相反，汽车发动机是先把压缩空气和燃油混合以后才点火。这是由于如果喷气式发动机也先放燃油后点火，那么燃油很可能在进入燃烧室之前便开始燃烧，从而造成发动机火灾。飞机发动机的点火原理就像煤气炉，先发出啪叽啪叽的点火声音之后，才出来煤气。

点火步骤完成之后，由于燃油是持续燃烧，因此无须再次点火。但是，尽管点火已完成，发动机并不是就可以实现自力运转了。这只不过刚完成了运转涡轮机前的准备工作而已。

此外，燃烧使用的压缩空气只占整体的25%，其余压缩空气用于冷却涡轮机等。为了获得充足的压缩空气，即便燃油已开始燃烧，仍然需要借助起动机的力量。

那么需要借助起动机达到什么程度的转速呢？实际是必须依靠它达到最大转速的50%（5000 r/min）。在发动机实现自力运转之前，燃油将逐渐增量，发挥这一调节功能的装置过去被称为**燃油控制装置**（FCU），现在叫作**全权限数字式发动机控制装置**（FADEC），也叫**发动机电子控制装置**（EEC）。起动机完成任务后，发动机自加速至慢车状态，此时，整个起动过程才算完成，全过程需要20～30秒。

如何终止发动机起动

事实上，起动发动机只需操作并监视（业界术语称为“监控”）两个开关即可（见第 32 页）。
如果发动机发生异常，起动将自动终止。以下是一些典型的异常情况。

热 起 动：发动机异常燃烧。其原因可能为燃油流量过多或是起动作用力不足等。

潮湿起动：规定时间内未能成功点火（排气温度没有上升）。原因为火花塞故障。

缓慢起动：转速低于正常情况，有时与热起动同时发生。其原因可能为燃油流量过少，或起动机作用力不足，或压缩空气的作用力不足。

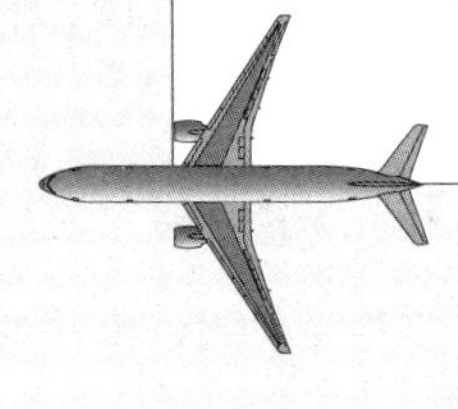

出现以上异常情况时，将立即终止起动，暂时使发动机保持慢车状态，以便排出其内部残留燃油。

顺便一提，慢车状态下风扇转速为每分钟约 1000 转，高压压气机为每分钟约 6400 转，为最大转速的 60% 以上。汽油发动机慢车运转速度约为 600 转，相当于最大转速的 10%。由此可知，喷气式发动机的慢车运转速度相当高。

发动机产生的四种力

推力、大气压力、电力、油压力

发动机最重要的工作当然是**产生推力**。但是，发动机并不仅是产生推力，它总共产生四种力，除推力外，还有：慢车状态时，为将客舱内气压和温度维持在舒适状态所需的**大气压力**；为使飞机自由翱翔所需的、让辅助机翼（副翼）能正常工作的**油压力**；让无线通信、计量仪器、电脑等电子装置正常工作所需的**电力**。

我们首先来看大气压力。进入发动机的空气在压气机中被压缩至原来的大约 1/30，**燃烧之前的空气温度已经达到约 500 ℃**。把燃烧前的清洁空气在流经发动机的途中抽出，用于维持机内气压的稳定（也称为增压）以及机内空调的调节。空调采用空气循环系统，利用压缩空气膨胀时温度降低的特点，将冷空气混入原来就有的热空气里，混合后调节至正好的温度。通过出流阀门的开合，调节排出机外的空气量，维持机内气压稳定。

每个发动机安装有一个或两个发电机，无论从慢车状态到起飞推进过程中的转速如何，均能产生稳定电力，使其维持在电压 115 V 与频率 400 Hz。一个发电机能产生的最大功率可达到 250 kVA（千伏安）。

同样，无论发动机转速如何，油压泵均能产生约 210 kg /cm^2 的稳定气压（波音 787 与空客 A380 约为 350 kg /cm^2）。与此相关的具体情况将在本书的后半部分详述（见第 74 页）。

变速箱

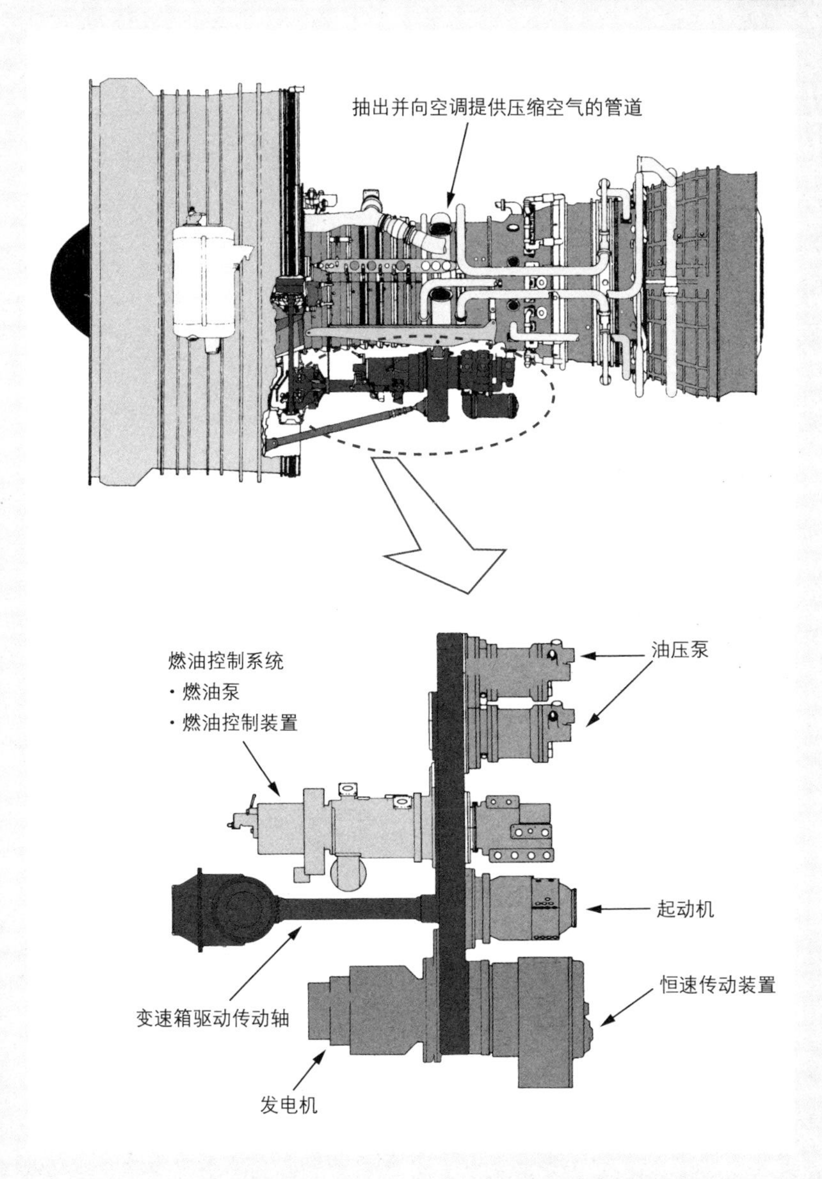
抽出并向空调提供压缩空气的管道
燃油控制系统
· 燃油泵
· 燃油控制装置
油压泵
起动机
恒速传动装置
变速箱驱动传动轴
发电机

控制发动机功率的操纵杆

飞机的加速器——推力杆

让我们来看看，发动机起动后，应该怎样调整推力。

汽车上调整发动机输出功率的加速器设在司机脚下，而喷气式客机的调整装置则设在操纵台上被称为**基座**的中间台座上。

为什么设在中间台座呢？这是因为飞行员脚下有控制方向舵和机轮刹车的踏板，并且这样也方便坐在左边的机长和坐在右边的副机长双方都能操作。

飞机的加速器并不叫加速器，而是沿用活塞式发动机时代的名称，叫作**动力杆、节流杆**等。由于英语用“thrust”一词表示推力，因此很多时候也叫作 thrust lever，也就是“推力杆”。

不过，在飞机驾驶现场，飞行员们经常使用航空业内部用语，如“功率再加点”“功率再降点”。

推力杆推向行进方向时，推力增大；向后方拉动时则推力减小。就像汽车加速器，即使飞行员在操作后松手，推力杆也会保持在操作后的状态，而不会自动返回原位。

向后方拉动的最大位置为最小推力，此时为慢车状态。

简要地说，向前推动推力杆后，进入燃烧室的燃油增加，热能也随之增加，输出功率增大。但是，并不是只要增加燃油就可以实现加速。这是为什么呢？其原因我们在下一节进行讨论。

推力杆

A380

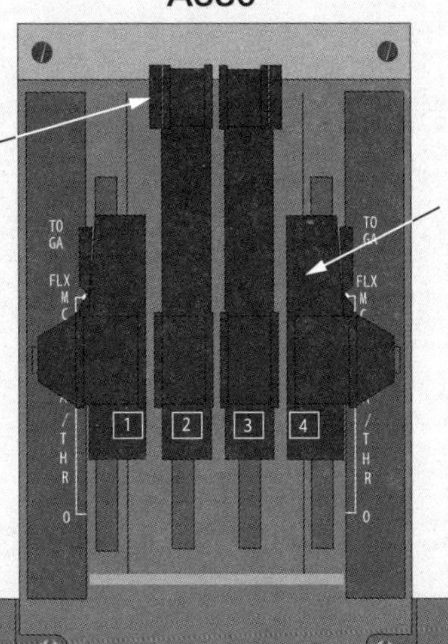

反向杆，用于反向喷射的控制杆。仅装有控制中央发动机的两根杆。

A380 的推力杆
由于 A380 有四个发动机，因此有四根推力杆。

空客机的操纵用杆虽然可以在一定范围内推动，但起飞推力、上升推力、最大连续推力的设定位置是固定的，能发挥开关的作用。

基座

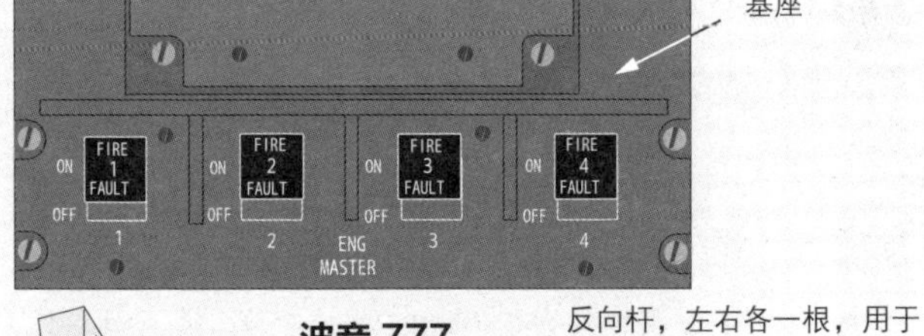

波音 777

反向杆，左右各一根，用于反向喷射。

波音 777 的推力杆
由于波音 777 为双发动机，因此有两根推力杆。

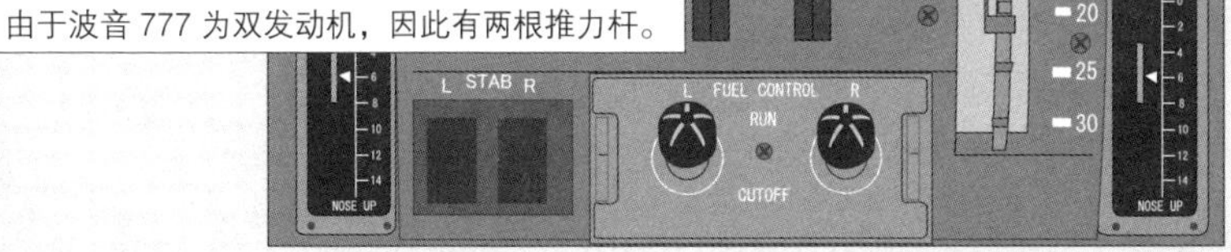

发动机功率开到最大会出现什么问题？

压气机失速将对发动机造成损害

汽车的活塞式发动机通常在同一个气缸内完成吸气、压缩、燃烧、排气等工作，而飞机的喷气式发动机的工作则由不同部位分工完成。

因此，飞机的某些部位运行环境十分恶劣，例如涡轮机的叶片，必须在高温环境中高速运转。

在恶劣环境中，如果涡轮机因不敌热应力和动应力发生损坏，其所产生的碎片分散到下游，将给高速运转的发动机带来非常严重的后果。即使涡轮机没有破损，也将对发动机的使用寿命和维护费用产生巨大影响。

因此，**涡轮机入口处的温度有严格的上限规定，为确保无论什么情况下都不超过规定的温度上限，需要控制发动机的燃油输送量。**

另外，解决了关于燃烧温度的问题之后，还存在一个问题。假设我们突然操作推力杆，增大了燃油的供给量，如此一来，进入涡轮机的空气也会增加。但是，涡轮机和压气机有一个特点：不会因惯性而突然运动，除非施加作用力，否则不会立即运转。

当压气机未能及时响应时，向下游流动的气流就会变得不稳定，就会发出巨响和震动，发生**压气机失速**。

一旦发生压气机失速，就可能对发动机造成巨大损害，此时哪怕需要迅速操作推力杆，也要做好燃油控制，使飞机能够稳定飞行。

发动机受到的相关限制

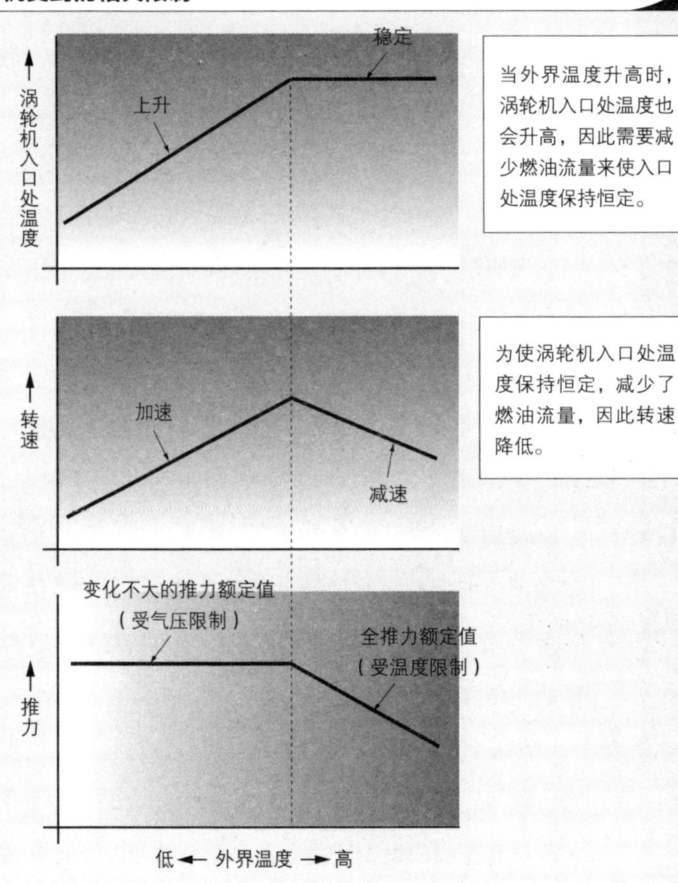

当外界温度升高时，涡轮机入口处温度也会升高，因此需要减少燃油流量来使入口处温度保持恒定。

为使涡轮机入口处温度保持恒定，减少了燃油流量，因此转速降低。

当外界温度升高时，涡轮机入口处温度也会升高。当涡轮机入口处温度将要超过规定值而达到外界温度时，必须减少燃油流量。像这样受到外界温度限制的推力称为全推力额定值。但是，并不是说外界温度越低，就可以使推力越大。这样会造成发动机内部压力过高，强度上出现问题。因此，当发动机吸入的外界气压高时，必须减小推力；像这样受到外部气压限制的推力称为变化不大的推力额定值。

让安全驾驶成为可能的燃油控制装置

燃油控制装置也实现数字化

本节中，我们来看看燃油流量急剧减少后，发动机会出现什么情况。由于惯性原理，压气机不会立即减速。这种情况下，与气流相比，燃油流量就会过少，将会出现燃烧室内的火熄灭，发动机停止运转的现象，也就是**熄火**。对飞行员而言，无论压气机失速还是发动机熄火，他们都不愿意看到。

此外，高空空气密度小，这一点也必须考虑在内。当然，飞机飞行的速度也是一大问题。飞行员要一边考虑如何应对这些问题，一边调节燃油，这是非常困难的。

飞行中还经常因风力、风速骤变等，发生影响飞行速度和飞行姿态的情况。这时，如果飞行员既要担心压气机失速和熄火等问题，又要从容地操控飞机，情况将会很麻烦。

燃油控制装置就是为了预防以上情况而发明的装置。**该装置不仅能控制燃油流量，还能控制发动机的整体运转，例如调节压气机的叶轮角度，控制燃烧室的热膨胀，以实现发动机安全高效运转。**

早期的喷气式发动机全部采用机械化起动的模拟控制方式，称为燃油控制装置（FCU）。如今均已采用数字化控制方式，称为**全权限数字式发动机控制装置**（FADEC）或**发动机电子控制装置**（EEC），其功能已不仅是燃油控制，还涉及许多其他方面。

发动机控制装置

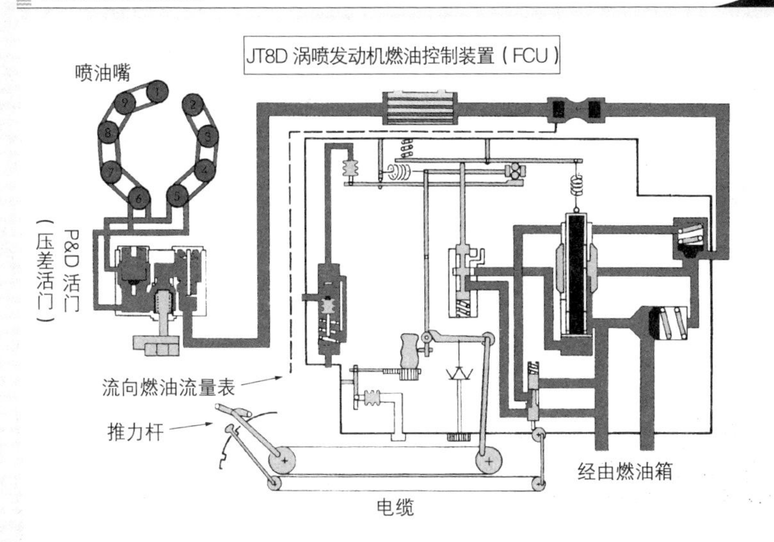

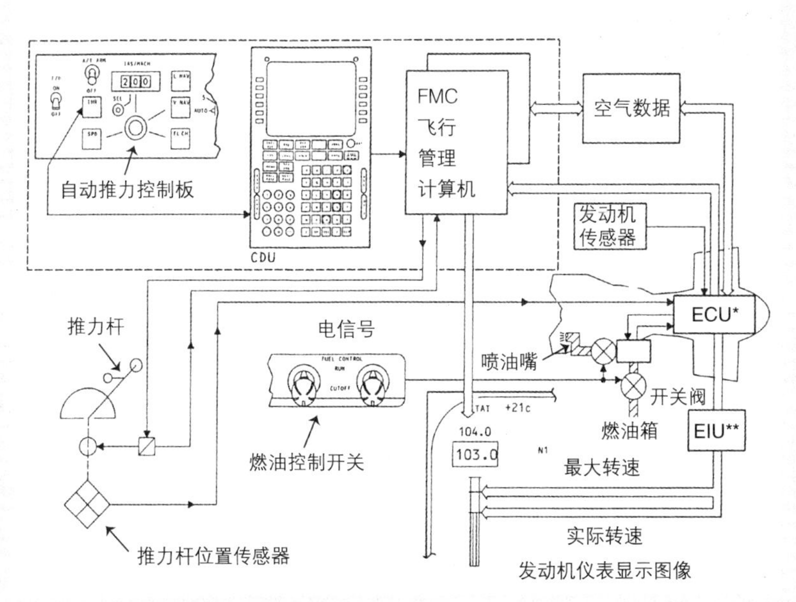

* ECU：发动机控制单元。

** EIU：发动机显示单元。

起飞时产生多大的力？

机场的观测结果（1）

通过前面的内容，我们了解了涡轮风扇发动机的工作原理，接下来我们看看发动机会产生多大的推力。为此，我们首先观察在机场起飞的飞机，估算其推力大小。

假设起飞重量为 370 t 的大型喷气式客机在滑行跑道上滑行了 3300 m 后起飞。秒表测出，从滑行开始到升空所需时间为 50 s。我们用以上数据来进行计算。

需要注意，由于力的单位与重量一样，也使用千克或者吨，所以由**重量 = 质量 × 重力加速度**可得出，**质量 = 重量 ÷ 重力加速度**，因此，在求质量时，必须除以重力加速度。

如下页所示，计算得出起飞推力约为 100 t。因为大型喷气式客机装有 4 个发动机，所以一个发动机产生的推力约为 25 t。也就是说，**100 t 向前的推力可令 370 t 重量升起**。本书前面部分曾提出，巡航飞行时升力与阻力（只有空气阻力）的升阻比约为 18（见第 2 页），看来起飞时升阻比更小，约为 3.7。

其原因在于，首先，起飞时是从速度为零的状态开始的。

其次，不同于阻力最小的巡航状态（航空界专业用语为低油耗状态），起飞时，飞机处于放下起落架、打开襟翼的起飞状态。此外，还存在飞机与地面的摩擦力等阻力较大等因素。

发动机控制装置

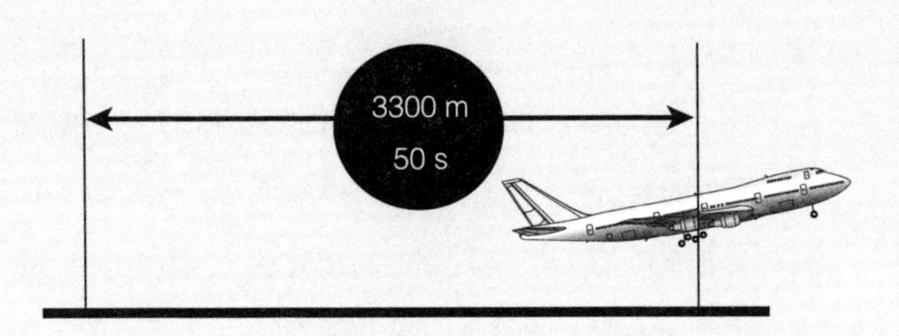

重 370 t 的大型喷气式客机滑行 3300 m 后起飞，用时 50 s。

大型喷气式客机的质量 = 370 ÷ 9.8

= 37.8（t · s^2/m）

由距离 = 1/2 × 加速度 × 时间 ^{2} 可得出，

加速度 = 2 × 距离 ÷ 时间 ^{2}

所以，加速度 = 2 × 3300 ÷ 50^2

≈ 2.64（m/s^2）

由于力 = 质量 × 加速度，因此

起飞所需推力 = 37.8（t · s^2/m）× 2.64（m/s^2）

≈ 100 t

用这 100 t 的力就能举起 370 t 的重量。

另外，由升阻比 = 升力 ÷ 阻力，且推力 = 阻力可知

升阻比 = 370 ÷ 100 = 3.7，也就是升阻比为 3.7。

用推力计算公式计算起飞推力

接下来，我们试用计算公式求推力大小。

如前文所述，推力公式可以表述为：

推力 = 单位时间内发动机吸入的空气的质量 ×（喷出速度 – 飞行速度）

将此公式表述为算数公式，可得到如下页所示的结果。以上一页中的发动机为例，**其 1 秒钟大概可吸入能装满 1 个 50 m 长的泳池的空气**。但是，由于涵道比为 5，因此 83% 的空气未经燃烧就由风扇加速转动后喷射排出。如下页所示，计算出发动机的推力为 25 t，这与我们在机场的观测结果一致。

然而，这一推力是在飞行速度为 0 的情况下计算出来的。事实上，因为飞机会加速飞行，所以计算推力时，我们还要注意加入飞机的飞行速度。

如果喷射速度不变，飞行速度越快，计算时需要减去的数值就越大，所以最终推力必然会随着速度的增加而减小。

实际上，在飞机刚离开地面时，发动机的推力虽然是 100t，但是在空中升起的瞬间，推力将减少到原来的 80%，用算式表示为 $100 \times 0.8 = 80$ t。不过，当飞机加速到时速超过 700 km 时，发动机吸入的空气自然增多，就会产生**冲压效应**，由于这一效应，推力反而增大。

在飞行中实际发挥作用的有效推力称为**净推力**。与此相对，纯粹由发动机产生的力叫作**总推力**。通常发动机的产品目录上写的是后者，即总推力。

用推力计算公式计算起飞推力

我们调查后发现，发动机的推力很大程度上受到飞行速度影响。从飞机准备起飞，到加速到起飞时速 330 km，推力将发生多大变化呢?

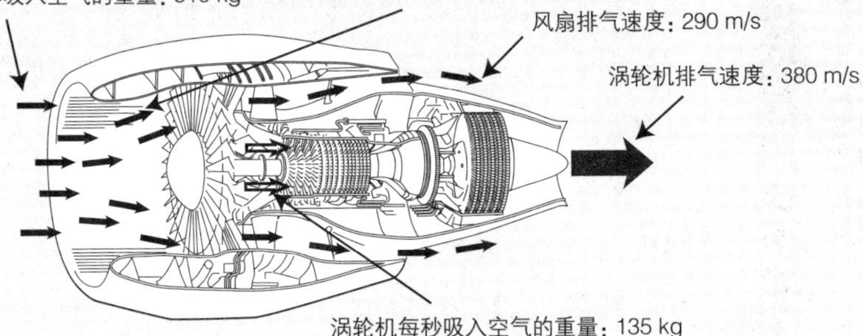

空气的质量 = 空气的重量 ÷ 重力加速度（9.8）
按照这一公式，我们计算出来的推力具体如下：

涡轮机的推力 = 涡轮机吸入的空气的质量 × 涡轮机排出空气的速度
= 135 ÷ 9.8 × 380
≈ 5 t

风扇的推力 = 风扇吸入的空气的质量 × 风扇排出空气的速度
= 675 ÷ 9.8 × 290
≈ 20 t

发动机的推力 = 涡轮机产生的推力 + 风扇产生的推力
= 5 t + 20 t
= 25 t

考虑到飞机起飞时时速为 330 km（92 m/s），此时推力如下：

涡轮机的推力 = 涡轮机吸入的空气的质量 ×（涡轮机排出空气的速度 – 飞行速度）
= 135 ÷ 9.8 ×（380 – 92）
≈ 4 t

风扇的推力 = 风扇吸入的空气的质量 ×（风扇排出空气的速度 – 飞行速度）
= 675 ÷ 9.8 ×（290 – 92）
≈ 14 t

发动机的推力 = 涡轮机产生的推力 + 风扇产生的推力
= 4 t +14 t
≈ 18 t

由此可知，此时推力的大小约相当于飞机刚起飞时的 70%。
但是，实际上，当时速达到 330 km 时，进入发动机中的空气压力增大，由于冲压效应，发动机将增加相应部分的推力，此时发动机的推力将相当于约 80%。

大量燃油存放在何处？

约1000桶燃油存放在何处？

一架大型喷气式客机从日本的成田机场飞到伦敦，需要消耗约 120 t 燃油。

如换算成油桶，则大约为 710 桶。考虑到飞行途中不能加油，可能需要紧急迫降到目的地以外的机场等因素，**飞机有时会携带相当于近 1000 桶的燃油**。燃油的量随飞行路线、飞机重量、上空风速等情况发生巨大变化。这么多的燃油到底存放在哪里呢？

答案是飞机的主翼。主翼是指让飞机产生升力并支撑飞机重量的主要机翼。

为保证主翼牢固且质量小，如下页图所示，主翼由**翼梁**（在横向和纵向上支撑其他部件）和**翼肋**（机翼的横向受力骨架，小骨架、纵向上形成一个直角的加固材料）等零部件包围成箱形。

机翼的这种设计构造非常适合装载像燃油这样的液体。不过，机翼中并非只有一个油箱，人们利用机翼的结构，把它分成了多个油箱。

之所以将燃油箱分成多个，是为了避免飞机改变飞行姿态时，油箱内的燃油随意乱晃。飞机改变飞行姿态时，如果重 170 t 的燃油随意乱晃的话，飞机就无法自由飞行了。

另外，**燃油除了具有维持飞机重心平衡的作用之外，还发挥着压舱石的重要作用**。起到支撑着飞机重量作用的就是主翼。

飞机的主翼，尤其是机身接头部受到巨大的**负荷（外界施加的力）**作用。缓和巨大负荷作用、发挥压舱作用的，就是储存在机翼中的这 170 t 的燃油重量。

发动机的“粮食”——燃油存放在何处?

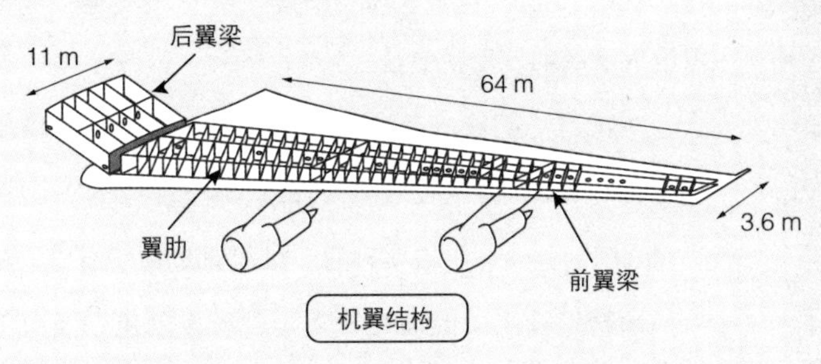

机翼结构

大型喷气式客机的机翼长64 m，与机身连接处宽11 m，翼梢3.6 m。假如机翼厚1 m，做成一个普通的长方体箱子，那么该长方体箱子的长、宽、高分别为50 m、5 m、1 m。由此可知，该长方体箱子的体积为 $50\times5\times1=250\ m^3$。因为 $1\ m^3$ 等于 1000 L，如果将单位换算一下，那么大约为 250000 L。

事实上，尽管机翼结构设计因航空公司不同而不一样，但大型喷气式客机的机翼通常存放约 2160000 L 的燃油，换算成油桶约为 1080 桶。这些燃油的重量有时候超过大型客机整个重量的 40%。

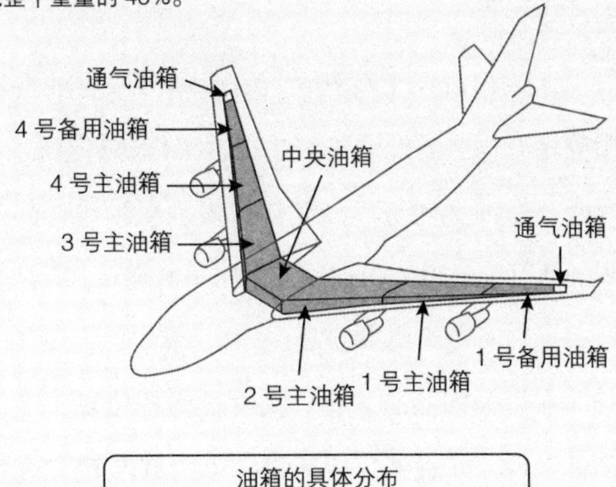

油箱的具体分布

从机翼的形状来看，各个油箱能装载的燃油量从大到小依次为：中央油箱 > 2 号主油箱和 3 号主油箱 > 1 号主油箱和 4 号主油箱 > 1 号备用油箱和 4 号备用油箱。

此外，翼梢处有一个被称为通气油箱的通气口。它的作用是防止主翼挤压受损，以及将燃油顺畅地送达发动机处。其原理与用吸管喝盒装牛奶相同：用吸管喝纸盒包装的牛奶时，牛奶的纸盒会被压扁，而如果纸盒上除了吸管口之外还有孔，那么不仅纸盒不会压坏，牛奶也会变得更容易吸出。

探索燃油流向发动机的途径

燃油如何抵达燃烧室

为使翼根稳固，最好尽可能先消耗靠近机身的油箱燃油，以便发挥燃油压舱的作用，因此，必须保证每个油箱都能向飞机上所有的发动机供油。

实现这一功能的装置，就是安装在油箱里的**增压泵**以及输送吸上来的燃油的**交互供油管道**。通过控制增压泵和各条供油管阀门的开关，可以实现每个油箱都能向所有发动机供油。

油箱里输出的燃油并非直接进入发动机。因为飞机会在高纬度或者高海拔处飞行，**机外气温有时低至零下 70 ℃**。如果长时间飞行在这样的环境中，受外部气温影响，机翼内的燃油温度将会下降。只要燃油中含有哪怕些许水分，水分就会结冰；当燃油温度降至零下 40 ℃左右时，燃油的黏性等就会改变。

无论出现以上哪种情况，都将导致燃油控制装置与喷油嘴等堵塞，造成发动机无法正常工作，甚至导致发动机停机。因此，燃油会先与已经变热的发动机油进行热交换（燃油得到加热，发动机油得到冷却，一举两得），再经过滤油器过滤，然后再进入燃油控制装置。

在燃油控制装置里，接收推力杆位置、飞行速度和气温等信号后，通过液压机械组件（HMU）确定燃油流量，最后将燃油输送到燃烧室。

燃油从油箱到发动机的旅程

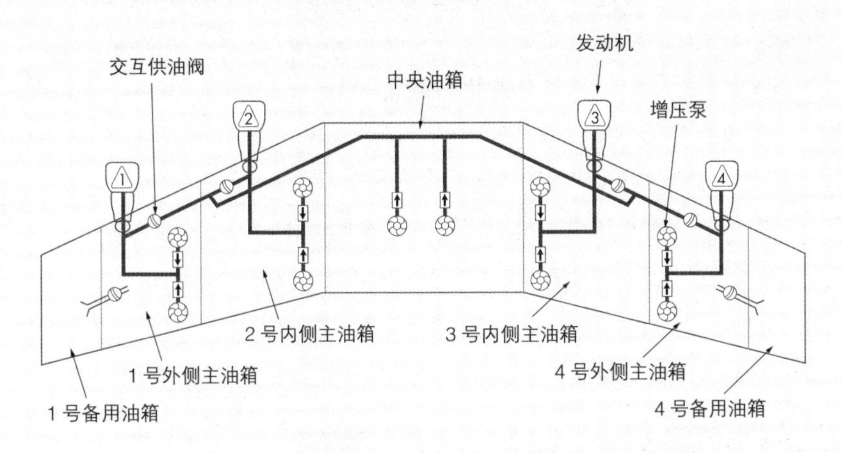

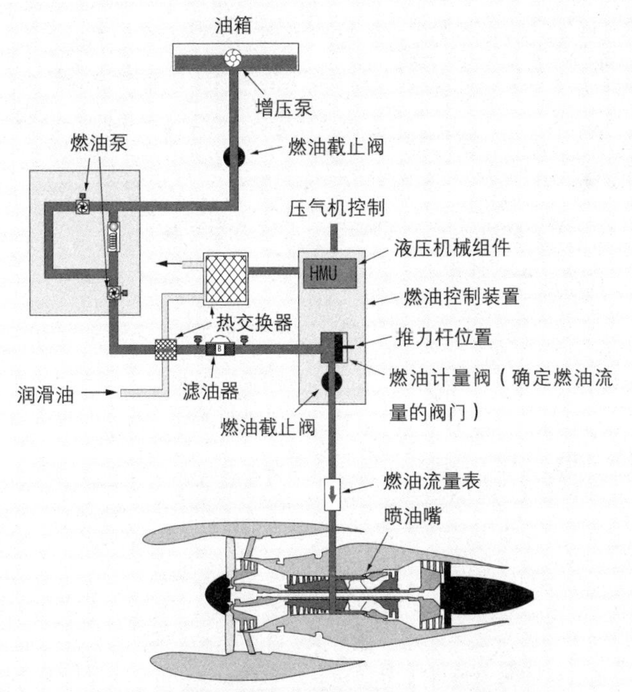

从平流层看到的极光

磁北和真北

冬天，在美国阿拉斯加州的安克雷奇（Anchorage）机场对飞机进行外部检查时，抬头仰望天空，有时能看见淡粉色、海蓝色或浅绿色互相交融的极光。但是，在超过万米的高空，就只能看见浅绿色或淡蓝色的单色极光了。不仅北美上空，俄罗斯上空也能看见极光。极光如微风拂动的窗帘一般缓缓浮动，如此壮丽的奇观足以令人忘却时间的流动。从安克雷奇机场飞往欧洲的航班，沿途经过北极圈航线（即极地航线）。以前，从日本飞往美国东海岸和欧洲的航班必须经停安克雷奇机场补充燃油。现在，随着飞机性能提升，绝大部分航班已变成直达航班。但是，现在仍有一些航班经停安克雷奇机场飞往欧洲。

在这条极地航线上，人们能够直观地感受到地图上的“北”（真北）与磁铁所指示的“北”（磁北）之间的区别。有时候，罗盘（指示的是磁北）和仪器所显示的真北方向截然相反，这是因为飞机正在经过北极点和北磁极之间。随着航程推进，这两个指示不同“北”的仪器也不停地发生变化，指引我们越过北之极端。

第3章

飞机如何在空中自由飞行?

自由飞行所需的各种机翼

襟翼、副翼、升降舵、方向舵

如果坐在靠近飞机主翼的座位上，在发动机起动完毕，飞机开始移动时，人们会听到从飞机机舱地板下传来机械运动的嘎吱声。这是主翼放下襟翼所发出的声音。突出于主翼前的叫作**前缘襟翼**，垂在主翼后的叫作**后缘襟翼**。

从窗户望出去，可以看到位于飞机机翼上的其他更小的机翼在运转。首先，主翼上的辅助机翼——**副翼**开始大幅度地运转，其次是水平尾翼上的**升降舵**，接着是位于垂直尾翼的**方向舵**开始运转。

在起飞之前，要检查这些自由飞行所需的操纵舵面。之所以在襟翼放下后检查这些舵面，是由于用于低速飞行的外侧副翼必须在襟翼放下的状态下才能发挥作用。襟翼这一装置能够在飞机起飞时增加升力，在飞机着陆时同时增加升力与阻力。主翼上的副翼可以让飞机向左或向右倾斜或者翻转。

水平尾翼上的升降舵主要作用为让飞机仰头上升或者减速，下俯降落或增速；垂直尾翼上的方向舵则用于操纵飞机方向。

此外，主翼的主要功能不仅在于产生升力，以支持飞机在空中飞行，还包括保持飞机水平方向的稳定。水平尾翼的作用为协助升降舵保持飞机纵向平衡，垂直尾翼的功能为保持飞机方向稳定。

飞机各部位名称

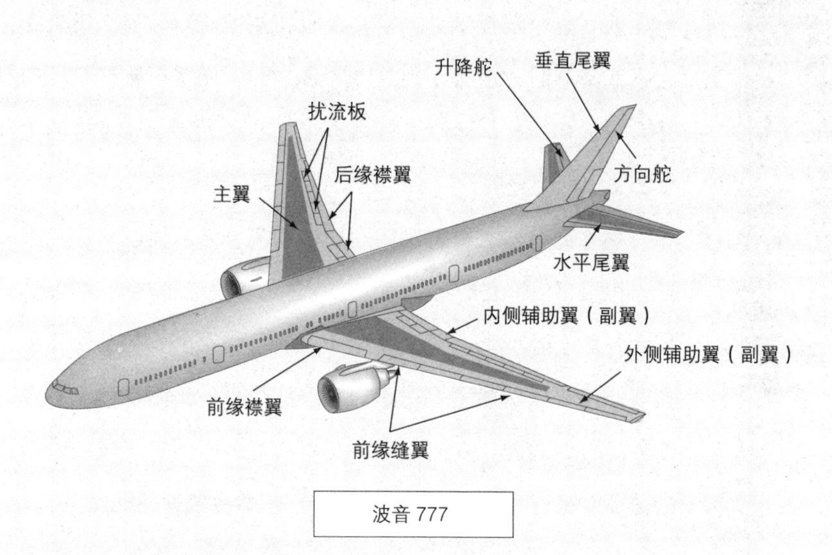

波音 777

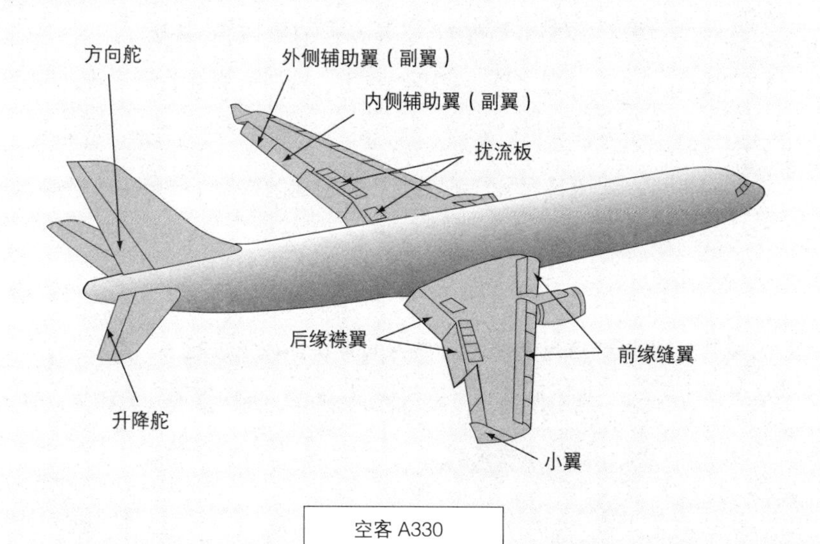

空客 A330

为什么襟翼必不可少？

喷气式客机不适合低速飞行

喷气式客机的机翼被设计为小而薄的形状，以便高速飞行，也正因此，喷气式客机不适合低速飞行。然而，飞机在起飞或着陆时需要减速。要实现飞机高速飞行，那么飞机在起飞或降落时的滑行距离将变得非常长，而滑行跑道长度却是有限的。另外，即使滑行跑道可以实现无限长，飞机的承受能力也是有限的。

例如，鸟如果以很快的速度向上飞，它的腿就有可能折断。相反，如果它的腿非常结实，能够像鸵鸟那样快速奔跑，那么它就会像鸵鸟一样飞不起来。飞机也一样。与其给飞机安装结实笨重的轮子，还不如想办法尽可能地降低起飞和降落的速度。为此，人们必须多花费心思，以便让飞机以较慢的速度获得较大的升力。发挥这个作用的装置就是襟翼。

襟翼的英文“flap”一词指“振翅”“垂下之物”，日语中没有对应的汉字词语，以英文发音的外来语表示。

从升力计算公式可以得出，若要增加升力，就需要增大升力系数和机翼面积。襟翼可以同时解决这两方面的问题。

襟翼通过加大机翼面积时机翼的弯度（camber）也会增大这一原理，实现飞行速度减小以及升力增加的目的。

另外，襟翼放下后，升力与阻力将同时增大。为此，需要根据情况选择使用襟翼的方法：**在飞机起飞、需要升力的时候，有节制地放下襟翼；而在降落、同时需要升力和阻力时，则大幅度放下襟翼。**

为什么襟翼必不可少?

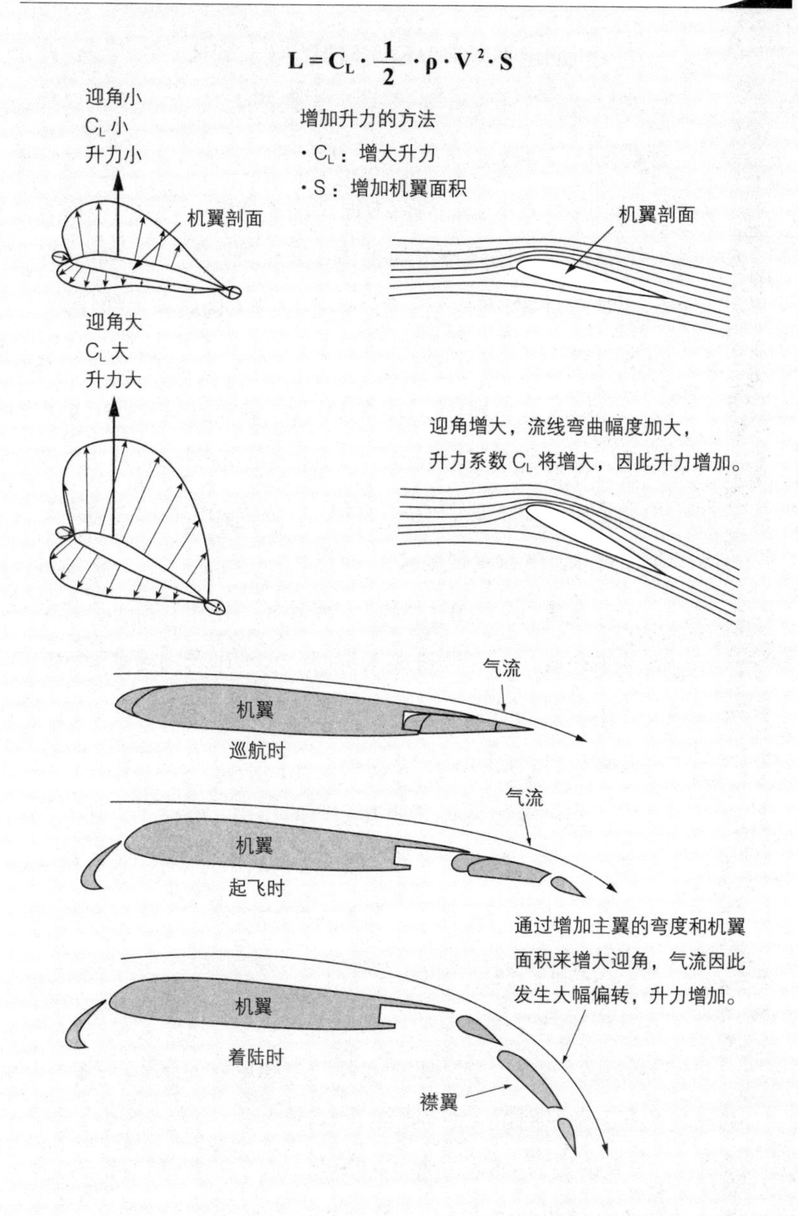
$$L = C_L \cdot \frac{1}{2} \cdot \rho \cdot V^2 \cdot S$$
迎角小
C_L 小
升力小
增加升力的方法
· C_L：增大升力
· S：增加机翼面积
机翼剖面
机翼剖面
迎角大
C_L 大
升力大
迎角增大，流线弯曲幅度加大，
升力系数 C_L 将增大，因此升力增加。
气流
机翼
巡航时
气流
机翼
起飞时
通过增加主翼的弯度和机翼
面积来增大迎角，气流因此
发生大幅偏转，升力增加。
机翼
着陆时
襟翼

仅凭主翼，飞机无法平稳飞行

水平尾翼和垂直尾翼的重要性

要想让飞机在天空中自由飞行，首先必须让它做到笔直、稳定地飞行。

飞机的**水平尾翼**和**垂直尾翼**，就起到这一作用。这两个机翼又被称作水平安定面和垂直安定面，正如其名，它们能够使飞机保持稳定。

首先来看水平尾翼。为便于读者理解，本书前面内容将升力与重力的作用位置均视作相同位置。然而，实际上，**飞机的重心位置与升力作用的中心位置（也被称为风压中心）是不同的。**

在喷气式客机中，随着载客量、载货量以及燃油重量的变化，飞机的重心位置也会发生很大的改变。应对这些变化十分重要。如下页图所示，能应对这些变化，使飞机保持平衡的机翼，就是水平尾翼。

除此之外，水平尾翼还发挥着很多作用。当飞机遇到突如其来的大风，导致机头上仰时，水平尾翼的迎角增大，就会产生更大的升力，产生令机头俯下的作用力，从而使飞机自动恢复到原来的水平状态。

垂直尾翼也发挥着非常重要的作用。假设飞机遇到突如其来的大风，致使机头发生向左的偏移。此时，垂直尾翼迎角增大，从而产生升力，通过这个力的作用，飞机自然而然地恢复到原来的状态。

由于这种现象与风向标的原理相似，所以又被称为风向标效应。此外，垂直尾翼两侧的上翘设计为左右对称，这是为了避免在迎角为零时产生升力。

无论水平尾翼还是垂直尾翼，都不需要飞行员进行人为操作，就能发挥使飞机保持平衡状态的作用。

发挥保持飞机平衡和稳定的作用

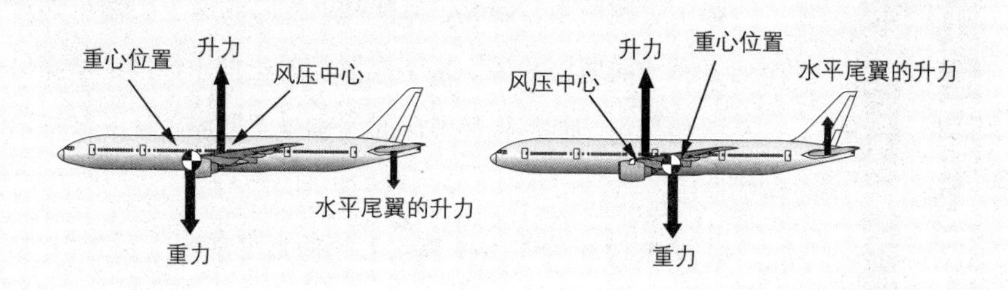

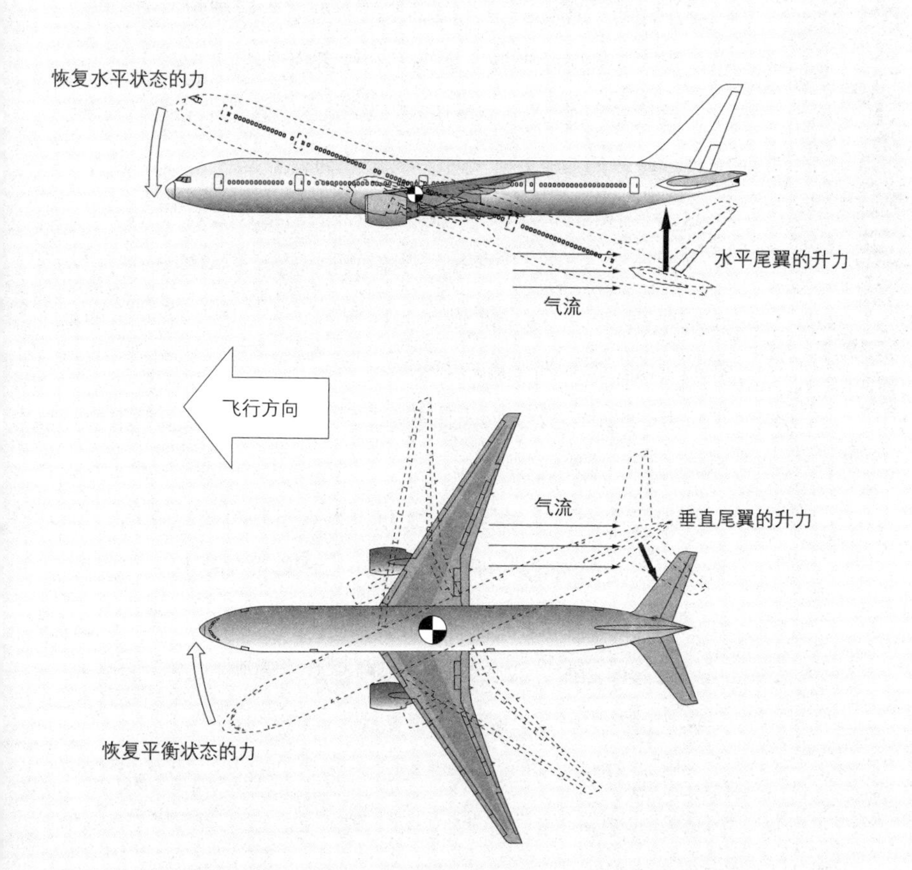

使飞机自由飞行的三个舵和三种方向

俯仰、偏航、横摇

本节中，我们简要了解为使飞机在空中自由飞行而设置的舵与其方向之间的关系。

如下页图所示，副翼、升降舵、方向舵这三个舵与其对应的三种方向紧密相关。水平尾翼相对**俯仰（纵摇）**发挥保持平衡的作用，而垂直尾翼则相对**偏航（偏摇）**发挥保持稳定的作用。

主翼被设计为向上微翘（上翘的角度就叫**上反角**），并像燕子翅膀一样向后掠（向后掠的角度就叫**后掠角**）的形状，也是为了起到防止**滚转（横摇）**和**侧滑**的作用。

要在这三个方向上操纵舵，以重心位置为中心进行旋转即可。旋转的效率叫作力矩，其公式为：

力矩 = 力 × 重心与力的方向的垂直距离

即便是一个很小的力，只要方向垂直且距离旋转中心有一定距离，就可以发挥很大的作用力。其量纲与能量相同，我们可以将**力矩**视作**做功的效率**。

我们将向三个方向发生旋转的力矩分别称为：俯仰力矩、滚转力矩、偏航力矩。

通过主翼、水平尾翼、垂直尾翼这三种机翼的作用，飞机得以平稳笔直地飞行，而通过巧妙地打破平衡状态，就可让飞机在空中自由飞行。实际上，鸟类在飞行时，就是通过巧妙地弯曲翅膀，改变**翅膀的弯曲程度（弯度）**，打破翅膀左右两边的升力平衡，从而改变飞行方向的。

莱特兄弟发明的飞机，模仿鸟类扭转翼端，从而实现飞行方向的变换。但是，据说这种改变飞行方向的方法操纵起来非常困难。

三个舵与三种方向

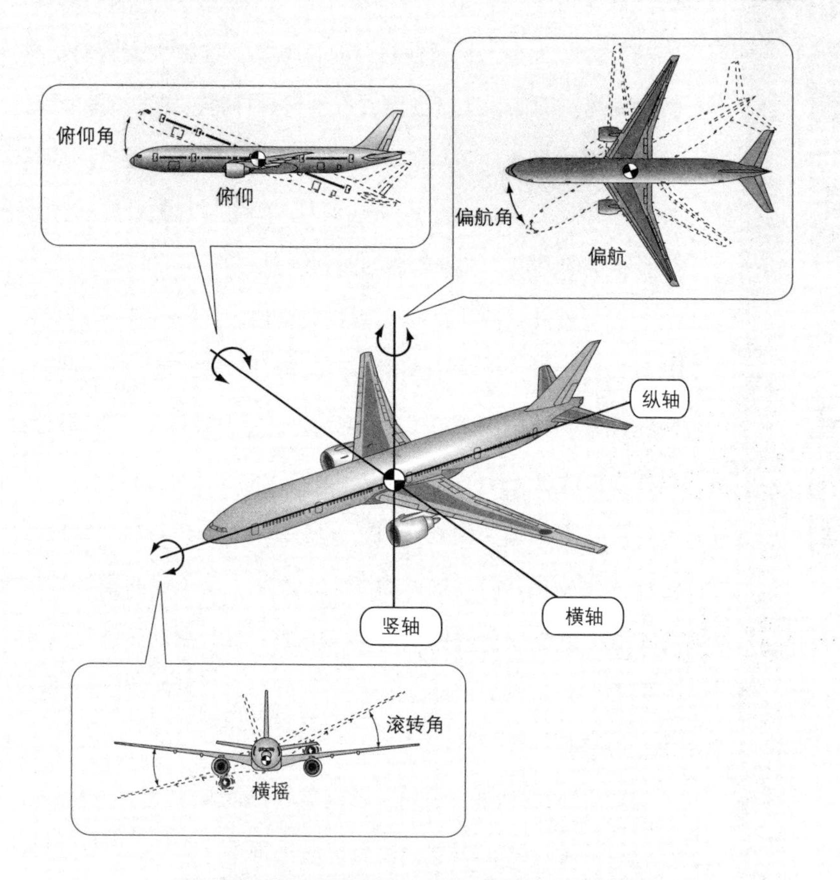

轴	角度	动作	操纵翼面	稳定
横轴	俯仰角	俯仰	升降舵	纵向稳定
纵轴	滚转角	横摇	副翼	横向稳定
竖轴	偏航角	偏航	方向舵	方向稳定

辅助机翼（副翼）的重要作用

飞机外侧副翼与内侧副翼的区别

飞机没有模仿鸟类，而是采用在主翼安装可动的小机翼的方法来改变飞行方向。通过小机翼改变主翼的部分弯度，控制升力的大小，从而使机身自由倾斜。**这种小型辅助机翼就是副翼**。例如，**飞行员向右推动驾驶杆时，如下页图所示，飞机的左边副翼向下偏转，右边副翼向上偏转**。通过形成这种左右相反的弯度，左翼升力变大，产生与驾驶杆向右推动的量相乘的力矩，机身就能够向右倾斜。

大型喷气式客机的副翼根据其强度不同分为两种：一种是位于翼端附近的**外侧副翼**，另一种是位于机翼中部附近的**内侧副翼**。外侧副翼正如其名，位于强度较弱的翼端附近，只在飞机低速飞行时工作。

当飞行员拉动驾驶杆时，升降舵向上偏转，水平尾翼的弯度发生变化，向下的升力变大，此时，以飞机的重心位置为中心，形成向上的俯仰力矩，力矩大小与拉动驾驶杆的程度相关，此时机头就会上扬。飞行员推动驾驶杆时，则产生相反的结果。

随着飞机燃油的消耗，飞机重心位置发生变化，为了通过舵有效地应对该变化，需要有大的舵面。但是，只要操纵水平尾翼，使其迎角发生变化，升降舵就可以通过较小翼面专注于俯仰控制。这就是飞机的**安定面配平装置**，大多数大型喷气式客机都采用了这种控制方法。只要稍微改变水平尾翼的迎角，就可以微调俯仰力矩，并且能够应对重心位置的变化。

飞行员向右推动驾驶杆时

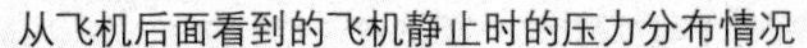

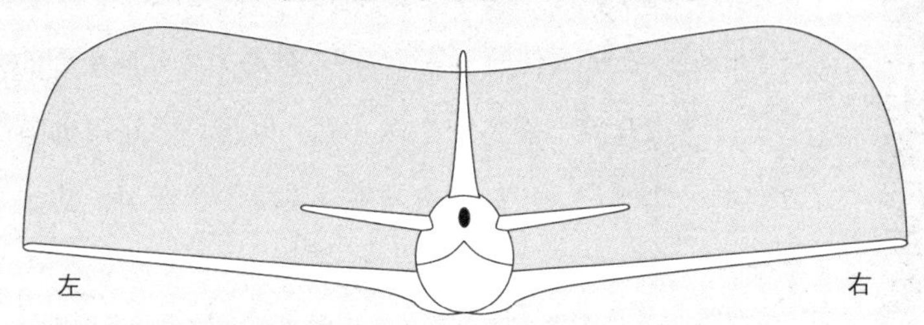

飞行员向右推动驾驶杆时，左副翼向下偏转，右副翼向上偏转，因此飞机的压力分布状况发生变化，产生顺时针旋转的力矩，飞机向右倾斜。

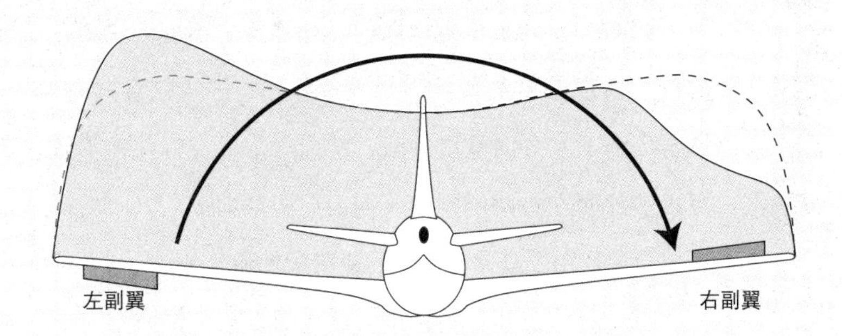

此图以飞机外侧副翼为例进行说明，但其实飞机内侧副翼的工作原理与此相同。外侧副翼有一个优点，它靠近翼端，与飞机的重心位置有一段距离，因此即使作用力很小也会产生很大的力矩。但是，飞机在高速飞行时，强度较弱的翼端将承受重负。因此，飞机在高速飞行时将锁定外侧副翼。

方向舵的两大重要作用

除了改变机头飞行方向之外的另一个『隐形作用』

踏下右方向舵脚踏板，垂直尾翼的左翼面产生升力，飞机以重心位置为中心产生向右的偏航力矩，机头向右偏转。**从方向舵的名字来看，人们容易认为方向舵是“为使飞机向某方向偏转的舵”，但其实它只改变机头的朝向。**

即使改变机头朝向，也不会产生**向心力（朝向中心的力）**。为了让飞机盘旋，需要产生向心力，因此必须使飞机向改变方向的一侧倾斜。仅控制方向舵，飞机不会倾斜，其作用只是助力飞机盘旋。

实际上，方向舵发挥着更为重要的作用。例如，飞机最右侧的发动机出现故障时，由于左右两侧的推力不同，在故障发动机一侧会产生使机头转向的偏航力矩。方向舵能够发挥消除这一力矩的重要作用。

当右侧发动机出现故障时，如果置之不理，左侧发动机的推力造成向右的偏航力矩发挥作用，机头就会向右偏转。此时，踏下左方向舵脚踏板，就会产生向左的偏航力矩，就可以消除因左右两侧推力不同而产生的力矩。方向舵的另一个“隐形作用”就是其被称为**偏航阻尼器**的装置。

有一种状态叫作**荷兰滚**，是人们设想飞机坠落时可能发生的飞行情形。发生荷兰滚时，飞机反复发生横摇与偏航，呈“8”字形蛇行飞行。这时，偏航阻尼器就能够第一时间感知这一情况，并通过微调方向舵，使飞机恢复稳定。

方向舵的作用

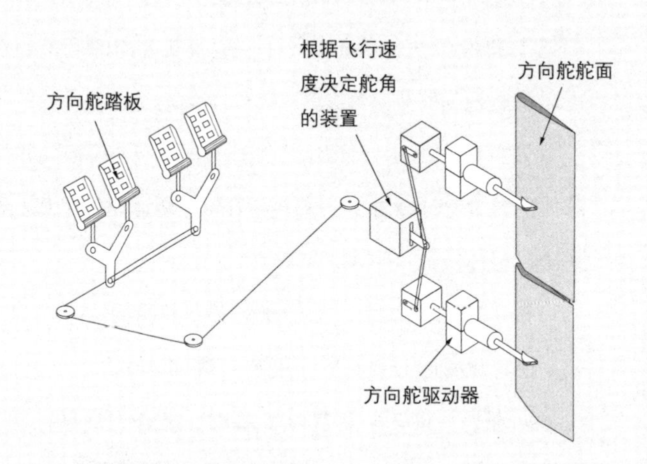

发动机出现故障时方向舵的作用

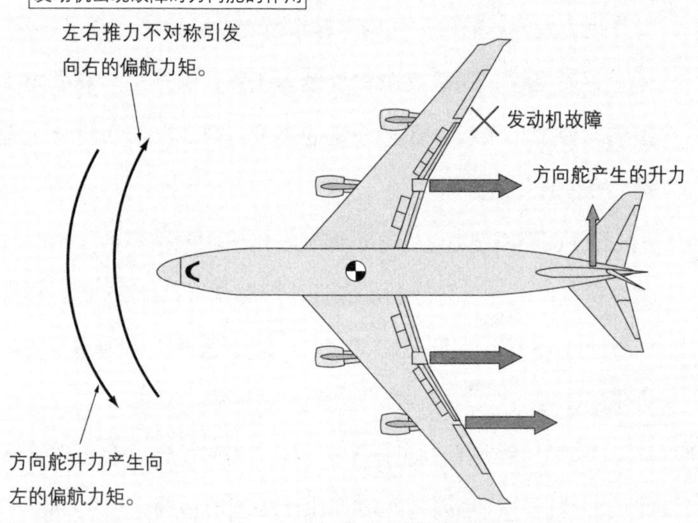

方向舵产生的升力使
飞机能够直线飞行。

飞机在空中改变方向时力的平衡

如何做到一边保持飞行高度一边盘旋

如果仔细观察空中盘旋的老鹰，你会发现，老鹰盘旋时身体是倾斜的。

与此相同，飞机在改变飞行方向时机身也是倾斜的。我们把飞机在空中一边曲线飞行一边改变方向的现象叫作**盘旋**，可以将其视为圆周运动的一部分。

如下页图所示，使用线牵引的球体做圆周运动时，线对球体的拉力（**向心力**）与球体向圆周外侧运动的趋势（**离心力**）平衡，球体做圆周运动。

松手放开球线后，平衡被打破，因此球体会飞出去。也就是说，没有向心力，就不能进行圆周运动。

同理，飞机在一定高度盘旋时，各种力之间的关系如图所示。飞机通过倾斜所产生的水平方向的升力为向心力。这一作用力就像球的线拉住球一样牵引着飞机。

也就是说，**飞机盘旋需要倾斜机体，以产生与离心力平衡的向心力；飞机要保持一定的高度，则需要与飞机外观重量[1]相等的升力。**

飞机的外观重量与实际重量之比叫作**载荷系数**。当喷气式客机盘旋时，尽管**倾斜的角度（倾斜角）只有30度**，却可以发出1.15倍于实际重量的力。一般将这种力称为G，表示为1.15G等。

飞机开始盘旋时如果飞机上的人抬起手臂，会感觉胳膊比往常要沉。这是因为此时作用于手臂的力为1.15G。此外，人们此时会有像被强摁在座椅上的感觉，也是由于G的作用。

1. 外观重量为日语直译，指作用在飞机上的所有力在某方向上的合力。——译者注

飞机在空中改变方向的原理

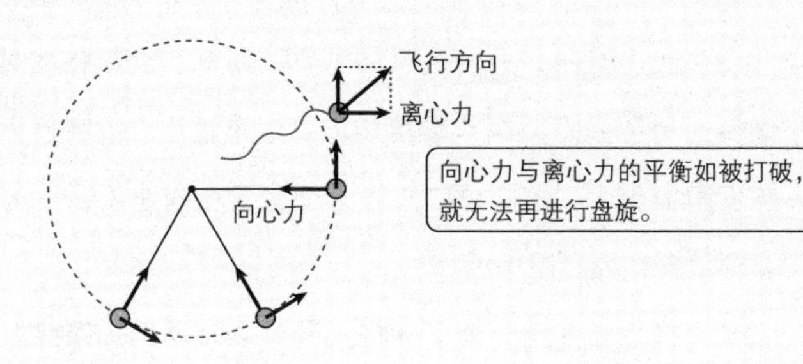

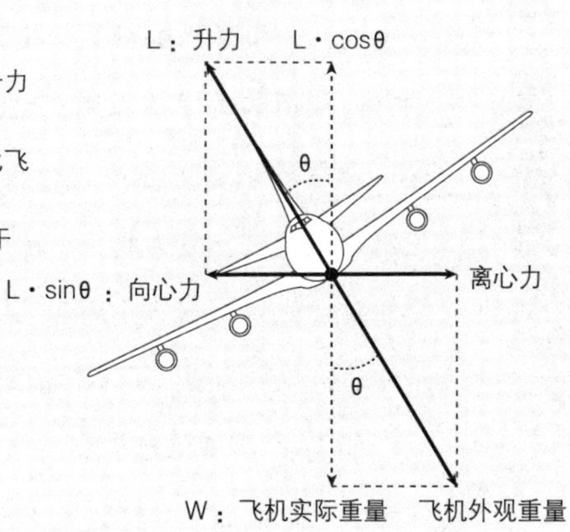

升力与气流的方向成直角，也就是说升力纵向作用于机翼。

另外，由于重力朝向地球的中心，因此飞机的重力方向不会发生变化。

由图可知，飞机的外观重量等于 L，由于

$$L \cdot \cos\theta = W$$

因此，

$$飞机的外观重量 = \frac{1}{\cos\theta} \times 实际重量,$$

飞机的外观重量大于实际重量。

例如，如果飞机倾斜 30 度，则

外观重量 = 1.15× 实际重量。

倾斜的角度叫作倾斜角，假设倾斜角为 30 度，

离心力（向心力）的大小 = $390 \cdot \tan 30° \approx 225$ t

由 $\cos 30°$ = 飞机的重量 ÷ 外观重量

得出，外观重量 = $390 \div \cos 30°$

$= 390 \times 1.15$

≈ 450 t。

此时，作用在机翼上的力有 450 t。

$1/\cos\theta$ 叫作载荷系数，用 n 表示。例如，当倾斜角为 30° 时，n 为 1.15，一般用 1.15G 来表示。当飞机开始盘旋时，机上的人试着抬起手臂，或许可以亲身体验到 1.15G 的力。

飞机上升时力的平衡

上升使用发动机的推力，而非升力

汽车在行驶过程中，遇到坡道时，必须用力踩油门，提高发动机的转数。飞机也是如此，在上升时，必须使发动机达到最大的上升推力。那为什么必须要加大发动机的推力呢？

飞机上升时，力的关系如下页图所示。汽车爬坡时，因倾斜而增加的阻力叫作**坡度阻力**。汽车越重，坡度越大，则坡度阻力越大，由此可以理解为什么要在高速公路上为大型车辆设置爬坡专用车道。

飞机也是如此，**为了完成上升运动，当机头保持上扬的状态时，飞机重力的分力（由重力分解的力）变成与飞机前进方向相反的力发挥作用**，也就是起到阻力的作用。为了与这一分力平衡，相较水平飞行状态，此时飞机需要更大的推力。飞机越重，这一分力越大，上升就会越缓慢。飞机上升时必须使发动机达到最大上升推力，由此可知，飞机上升凭借的是发动机产生的力，而不是依靠增加升力。

如果以增大升力来实现飞机上升，就会感到身体很重，像乘坐上升直梯时那样，重力加速度将发挥作用。也就是说，发挥作用的力将超过 1G，使乘坐体验变差，并且对飞机产生多余的力，会造成飞机强度方面的问题。

如下页图所示，飞机在上升时升力变小。这是因为发动机推力代替了升力发挥作用。如果垂直上升，飞机的重力由发动机承担，就不需要升力了。

飞机上升时力的平衡

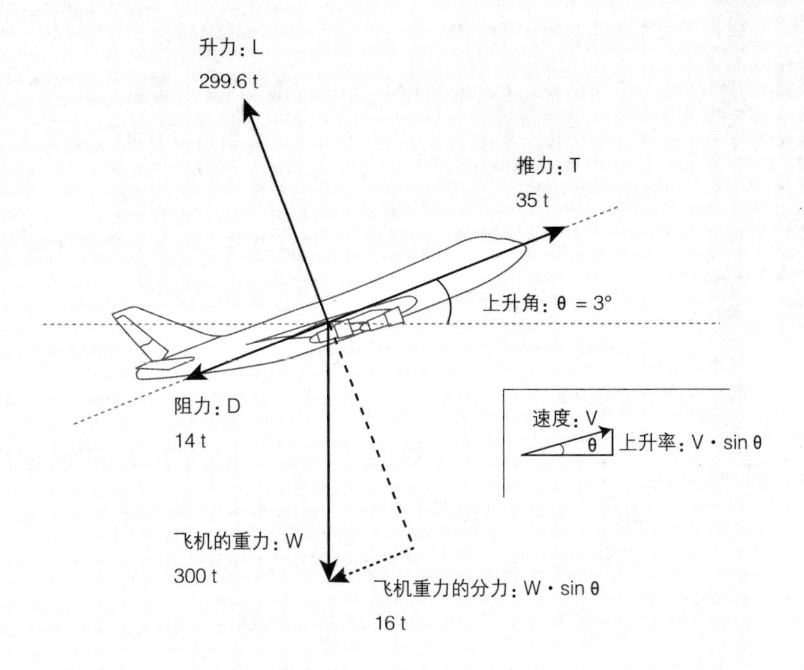

由力的平衡 $T = D+W \cdot \sin\theta$ 和上升率 $V \cdot \sin\theta$ 得出，

$$上升率 = \frac{T-D}{W} \cdot V$$

重 300 t 的飞机在机头上扬的状态时产生 16 t 重力的分力，其分力的作用与行进方向相反。这与汽车在爬坡时产生的坡度阻力相同。此时，阻碍上升的力为 14 t 阻力加上 16 t 重力的分力，即 14+16=30 t。因此，为获得上升率，飞机需要超过 30 t 的推力。如上所述，飞机上升是依靠推力作用，而不是依靠增大升力。

飞机下降时力的平衡

飞机本身的重力也会变成推力

飞机下降时，并不是依靠减小升力，凭借自身重力实现下降，而是依靠降低发动机功率，降低机头。飞机本身越重，越能够平稳缓慢地下降。

与飞机上升时相同，飞机下降时，升力垂直作用于机翼。由于飞机的重力方向总是指向地心，就会形成如下页图所示的力学关系。

由图可知，飞机下降时，**其自身重力的分力变成了推力。这与飞机上升时重力的分力变成了阻力是正好相反的。**没有动力的滑翔机可以将自身重力的分力作为**推力（向前进方向推动的力）**，利用这一推力实现自由飞行。

另外，在飞机下降时，发动机虽然处于**慢车（低速运转）状态**，但并不产生有效推力。这与汽车下坡时的发动机制动原理相同，都是与行进方向相反的阻力在发挥作用。

这是为什么呢？喷气式发动机**慢车状态下产生的推力**，在高空高速的情况下，喷气速度相对较小，未能有效作用于空气，因此不会产生有效推力。

当飞机以相同的速度下降时，自身越重的飞机越能够平稳降落，这又是为什么呢？

飞机自身重力越大，支撑飞机的升力也就越大。在速度仪显示的速度相同的情况下，由于动压保持稳定，与动压成正比的阻力也保持稳定。飞机越重，**升阻比**（升力与阻力之比）越大，因此更重的飞机就能够像升阻比大的滑翔机一样缓慢平稳地下降。

飞机下降时力的平衡

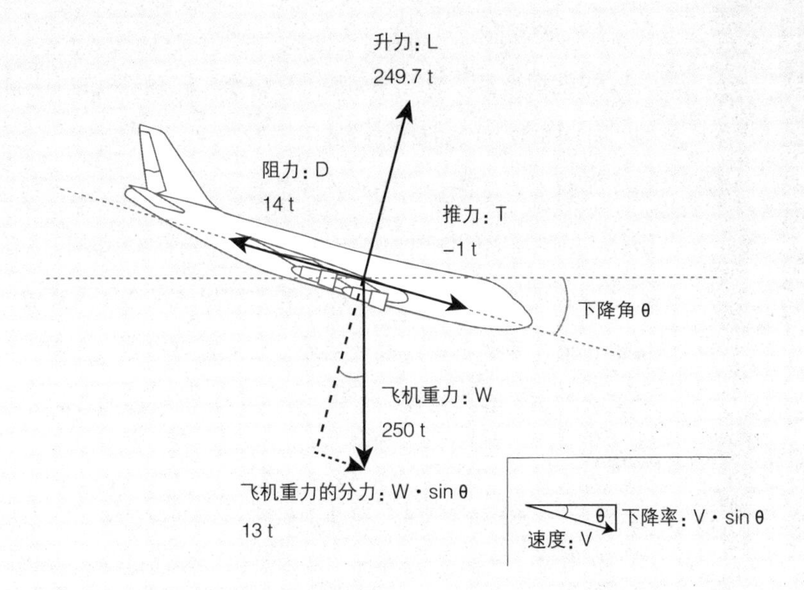

当飞机以一定速度下降时，

由 $D = T + W \cdot \sin\theta$

得出：$\sin\theta = \frac{D-T}{W}$

由下降率为 $V \cdot \sin\theta$

得出：下降率 $= \frac{D-T}{W} \cdot V$

飞机下降时，由于机头下沉，使得飞机本身 250 t 重力中的 13 t 分力转变为向前的推力。

另外，推力之所以为 –1 t，是由于慢车状态下发动机推力的喷气速度无法超越飞行速度，不能有效作用于空气。

下降率由阻力和推力之差的大小决定，由此可知，飞机下降并不是通过减小升力来实现的。

飞行中可驱动的动力来自哪里？

操纵大舵面的力量之源——液压装置

由于大型喷气式客机舵面很大，飞行速度又快，如果飞行员像操纵小型飞机那样，以自身力量操纵舵面，其力量将不足以控制舵面。

这就相当于，如果没有动力转向器，仅靠司机的力量不足以使卡车或大巴的车轮转动。

飞机上产生驱动动能的装置是**液压装置**。这种装置利用液体不会被压缩的性质，体积虽小，却能发挥巨大作用。

有人可能会认为，既然这一装置利用的是液体不会被压缩的性质，那么不一定要使用油，用水也可以吧。然而，水有两大缺点：容易使物体生锈，在高空机外气温过低时还会冻结。

油与水相比，不仅不易冻结，而且重量轻，还能够发挥润滑的作用，因此十分方便。液压装置由发动机中的驱动泵加压，通过如血管般密布的管道带动如肌肉般的**驱动器**。加压的力大约为人血压的 1200 倍，每平方厘米上承受的力大约 210 kg。空客 A380 和波音 787 等大型客机上，其加压的压力可达 350 kg 以上。

如下页图所示，将操纵杆向右转，通过钢索将操纵杆转动的量传到中央控制驱动器（CCA），CCA 根据操纵杆的转动量产生相应的力，再通过钢索将力传达到控制副翼的驱动器上。

此外，将操纵杆的操纵指令转换为电信号，通过电信号使驱动器运作的方式叫作**电传操纵**（Fly By Wire），目前已在飞机上普遍应用。

用什么力来驱动呢?

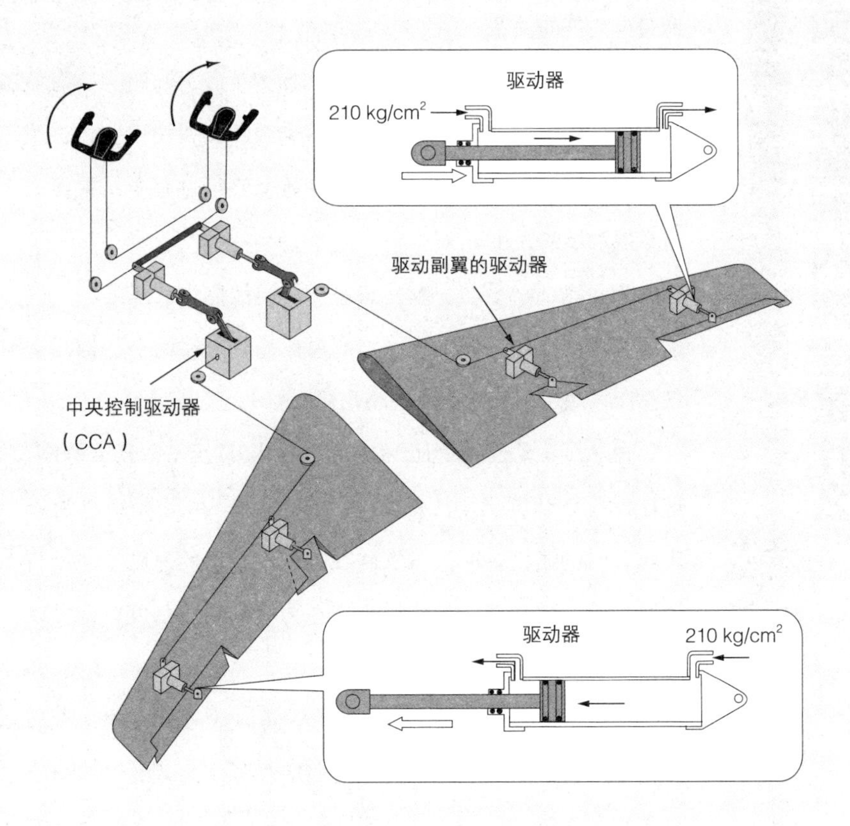

将操纵杆向右转，液压装置中的驱动液将流入左侧副翼的驱动器中，带动驱动器工作，副翼向下。

右侧副翼的驱动器中流入反方向的驱动液，带动驱动器工作，副翼向上。

对飞行员来说重要的速度是什么？

将动压换算为速度的空速表

飞机的速度仪所显示的并非每小时相对地面移动的距离，即地速。

这是因为，对飞行员来说，真正重要的并非与地面的关系，而是与空气的关系。

飞机在空中飞行时，空气的作用力（升力和阻力）与动压成正比。如果动压过小，飞机可能失速；相反情况下，动压过大，飞机可能损坏。因此，**在整个飞行过程中，需要一直掌握动压的大小。**

测量动压的装置，就是**皮托管**。当被称为**驻点**处的空气速度为零时，压力增加，可以通过皮托管前端的小孔探测空气总压，通过皮托管侧面的小孔探测静压。

由**总压＝动压＋静压**，我们可以得出：**动压＝总压－静压**，这样就可以计算出动压的大小。**真空速（TAS）**是空气流入皮托管时的速度，即飞机实际在空气中移动的速度，动压与该速度的二次方成正比。以真空速为基础划分刻度，就可以将动压计转变成速度仪。

不过，由于空气密度随高度不同而改变，因此，人们在划分仪表上的刻度时，使以地面空气密度为基准时的动压大小与真空速达到一致。该速度仪显示的速度称为**指示空速（IAS）**。指示空速和真空速在地面一致，但在空气密度发生改变的高空，两者将完全不同。

将动压换算为速度

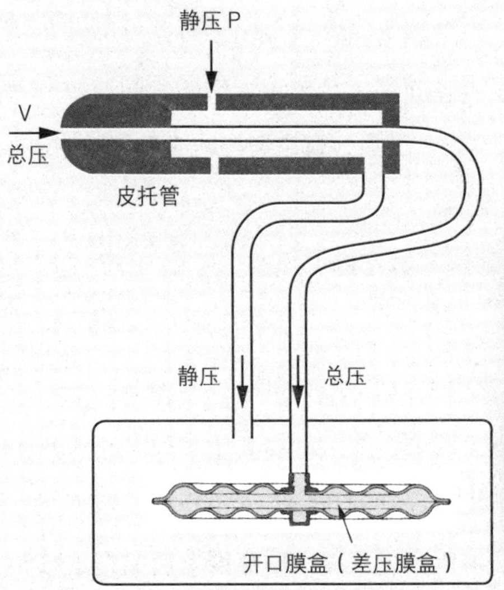

由　静压 + 动压 = 总压

可得出　动压 = 总压 − 静压

总压 $= P + \frac{1}{2}\rho V^2$

V：真空速（TAS）

ρ：空气密度

将动压转换为速度

指示空速：250 IAS

真空速：350 TAS（648 km/h）

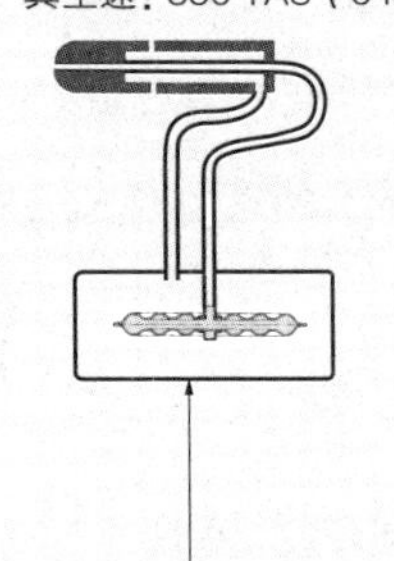

因为动压 =1/2× 空气密度 × 真空速 ^{2}，
所以当空气密度为原来的 1/2 时，
为了得到相同的动压，就必须将真空速 ^{2} 变成原来的 2 倍，也就是将真空速变成 $\sqrt{2}$ 倍，即 1.4 倍。

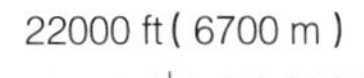

22000 ft（6700 m）

指示空速：250 IAS

真空速：250 TAS（463 km/h）

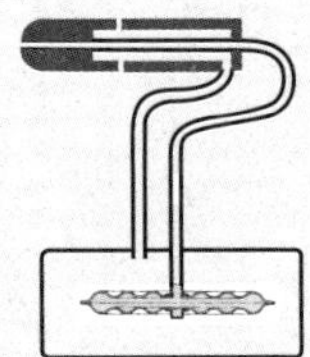

地面

空速与地速的区别

多种多样的空速

指示空速（IAS）是空速表上显示的速度，**真空速（TAS）**是飞机实际在空气中移动的速度。

当高空无风时，真空速（飞机通过空中飘浮着的两朵云之间距离的速度）与飞机的影子从两朵云的影子间通过的速度相同。也就是说，当高空无风时，**真空速与地速（GS）**相同。

顺风条件下，

地速＝真空速＋风速

逆风条件下，

地速＝真空速－风速

指示空速存在两个问题。一个问题在于皮托管在飞机上的安装位置。即便安装在理想的位置，由于飞机姿态在飞行过程中会改变，结果难免出现误差。调整误差后的空速被称为**校正空速（CAS）**。不过，由于现在大部分的喷气式客机都能够调整这一误差，因此，IAS=CAS。

另一个问题在于，高速飞行状态下，空气会被压缩。也就是说，由于进入皮托管的空气被压缩，压力增大，空速表将其错误识别为动压增加，因而显示的速度值大于实际值。于是，人们将修正了空气被压缩而产生的偏差值后的校正空速称作**当量空速（EAS）**，用于评测飞机的强度和性能。

此外，在实际飞行中，当速度达到能够压缩空气的程度时，均以声速为基准飞行，因此不会造成任何问题。

真空速和地速

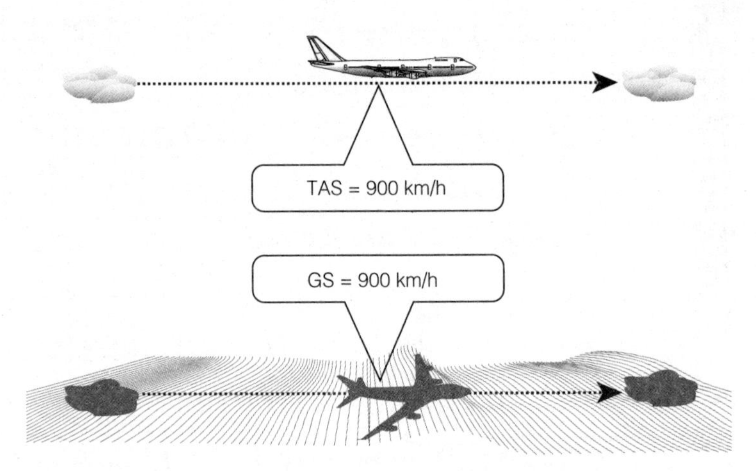

高空无风状态下，飞机通过高空中的两朵云之间的距离所花费的时间，与地面上飞机的影子通过两朵云的影子间的距离所用的时间相同。也就是说，真空速与地速相同。

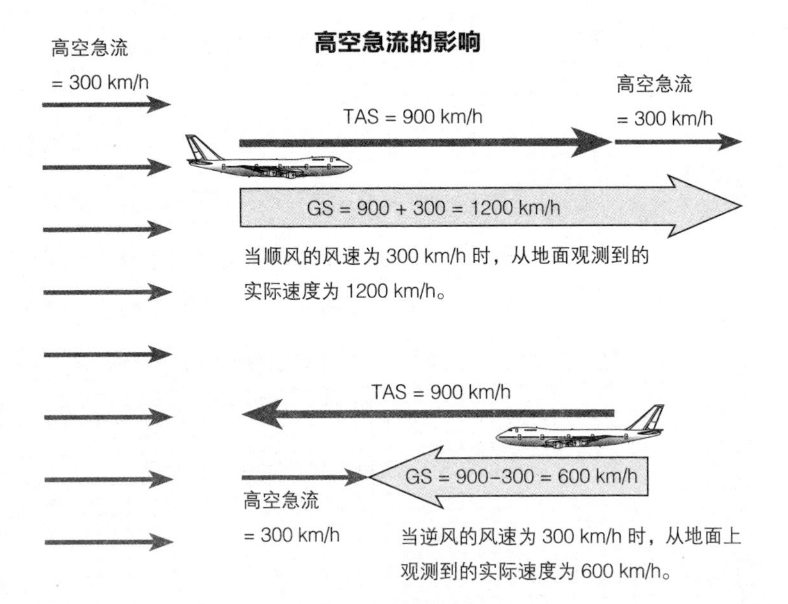

为什么飞机的飞行速度和声音的速度有关？

飞机飞行产生空气波

飞机的速度和声音有关，并不是因为飞机在飞行的时候会发出很大的声音。

为了解它们之间的关系，我们先思考以下问题：声音如何在空气中传播？

说到声音，就不能不提雷声。测出从看到闪光到听到雷声的时间，就能够算出雷雨云与我们之间的大致距离。例如，看到闪光与听到雷声之间间隔为 5 s，由于 5 × 340=1700，那么雷雨云距离我们 1700 m。这一计算用到了**声音传播速度为每秒 340 m 的性质**。不过，声音在水中的传播速度为每秒 1500 m，在冰中的传播速度为每秒 3230 m。

也就是说，声音传播的速度因传播介质密度的不同而发生变化。顺便提一句，有人认为，光传播的介质便是空间本身。根据这一点，我们就能够理解，为什么在地球上可以看到来自宇宙的光，却听不到来自宇宙的声音。

声音在空气中会引起空气压力（疏密）的轻微变化，这种变化以波浪的形式传播，速度为每秒 340 m。在这里我们需要注意，声波的这种传播机制不只适用于耳朵能听到的声音。

就像船在水面上行驶时会产生波纹一样，其实飞机在空中飞行时也会产生我们肉眼看不到的空气波。位于飞机前方的空气压力波变成波纹，其传播速度与声速相同。虽说飞机产生的空气波以声速向四周扩散，但当飞机的飞行速度接近声速时，被压缩的空气波将对飞机产生巨大影响。

为什么飞机的飞行速度与声音的传播速度有关？

$$声速 = 20.05 \times \sqrt{绝对温度}\ (m/s)$$

例如：当温度为 15 摄氏度时，

$$声速 = 20.05 \times \sqrt{273.15+15} \approx 340\ m/s$$

声音的传播方式

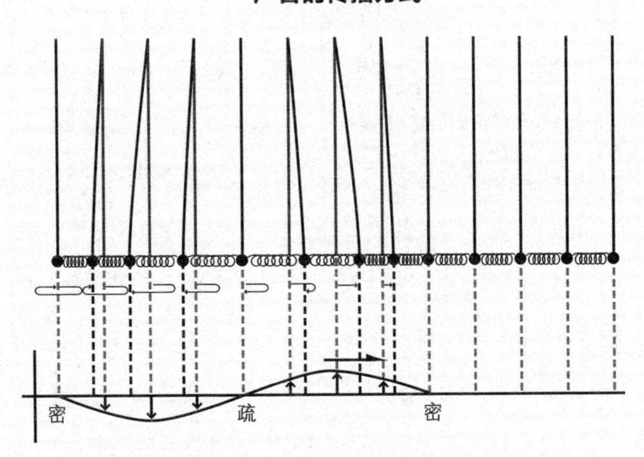

如图所示，物体进行活动或发出振动，使周围空气发生疏密变化，形成疏密相间的纵波，并向四周传播。传播速度由介质的密度决定。
此外，风的流动并不引起空气振动，因此并不会发出声音。

马赫的奇妙世界

飞机面临音障之『墙』

表示声速与飞行速度之间关系的单位是马赫数（Mach）。这一单位以奥地利物理学家马赫的名字命名，用于表示飞机的飞行速度与声速之间的比例关系，其公式如下页图所示。

一般情况下使用简写“Ma”来表示，如：Ma = 0.82。**由于它表示的是比例关系，因此马赫数没有单位。**

说句题外话，日本航空界在说到 Ma = 0.82 时，常常用“马克·八二”或“Mach eight two”等称呼代替。这是因为，Mach 的英语发音“马克”在进行无线电通信时更方便传达，不容易混淆听错。

飞机在高速飞行的时候，其前进方向的空气将会被压缩。压缩后的空气以波状向飞行前方扩散，其扩散速度等于声音在空气中的传播速度——声速。下页图中②表示飞机的飞行速度比空气波速度慢的情况，③表示两者速度恰好相等的情况，④表示飞机的飞行速度比空气波扩散速度快的情况。

由图可知，当飞机的飞行速度恰好等于空气波的速度时，被压缩的空气将形成波束，这就是**激波**。以该空气波的速度（也就是声速）为界，空气的流动方式将发生巨大改变。由于**以声速为分界点，或将形成激波，或者空气流动方式将发生巨变，因此，飞机在高速飞行时采用以声速为基准的参数——马赫数（Ma）来表示实际飞行速度。**

由于飞机面临音障这一“墙壁”的阻挡，因此现在的喷气式客机均以 Ma = 0.8 左右的速度飞行。

马赫的奇妙世界

$$马赫数 = \frac{飞机的真空速}{飞机飞行高度处的声速}$$

波传播的速度和飞机的速度

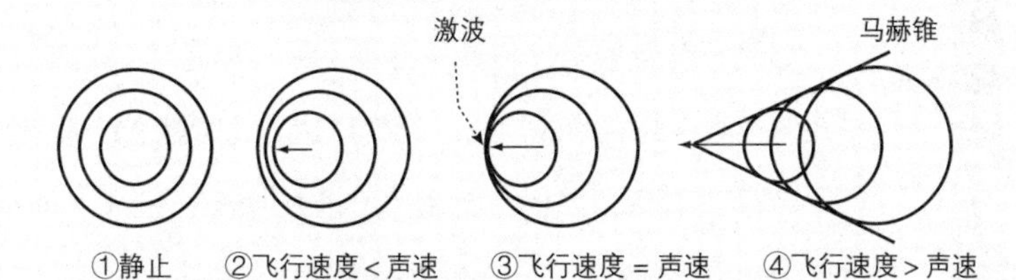

①静止　②飞行速度 < 声速　③飞行速度 = 声速　④飞行速度 > 声速

在水面上进行试验：

①在平静的水面上滴下水滴，波纹扩散；
②一边慢慢地晃动水，一边滴入水滴；
③一边以和波纹扩散速度相同的速度晃动水，一边滴入水滴；
④一边以比波纹扩散速度快的速度晃动水，一边滴入水滴。

一旦超过声速后：

（1）Ma 小于 1（亚声速）时的流动　（2）Ma 大于 1（超声速）时的流动

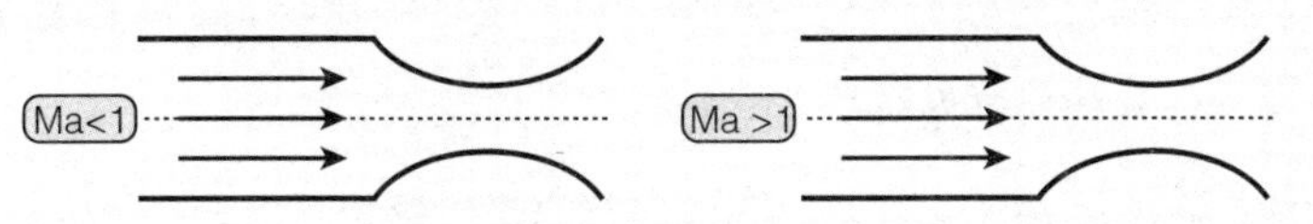

（1）	（2）
速度：增加→减少	速度：减少→增加
压力：减少→增加	压力：增加→减少
密度：减少→增加	密度：增加→减少
温度：减少→增加	温度：增加→减少

喷气式发动机的喷气口呈收敛状，而火箭发动机的喷气口则呈扩张状。这种设计差异是因为火箭的喷气速度比声速快。

临界马赫数与抖振现象

如何应对激波引起的失速？

当飞行速度达到容易形成音障的 Ma = 1 左右时，机体上一些部位的速度将超过声速，而其余部位则未达到声速，同一机体同时存在两种速度。这个速度范围非常棘手。

以下页图为例，飞行马赫数虽然只有 0.86，但是机翼上方流动的空气的速度已经达到了声速。尽管飞行马赫数尚未达到 1，但机翼上方速度已达到声速，这种飞行马赫数就叫作**临界马赫数**。

当飞行马赫数超过临界马赫数，例如 Ma = 0.88 时，机体一些部位会在超过声速后再次回到声速。此时就会产生激波。

产生激波后，不仅飞行阻力会急剧增加，机翼上的空气也会被分离，这些空气分离后将撞击尾翼和机身，发出咚咚声，令整个飞机发生振动。这种现象叫作**抖振**。

抖振发生后，如果放任不管，不仅机体的震动会加剧，机翼的空气分离也将加剧，此时仅靠机翼产生的升力将无法再支撑整个飞机的重量。这种现象叫作**失速**状态。这类失速叫作**激波失速**。如果为得到升力而增大迎角，将加剧机翼上的空气分离，使飞机陷入更严重的失速状态。**抖振发生时，最佳对策是调低飞行速度。**

由于上述现象无关飞行高度，只要飞行马赫数达到一定值就会发生，因此，对飞行员来说，马赫表和空速表同等重要，两者缺一不可。

为什么会发生抖振?

我们把 Ma = 1 时的速度称为声速，Ma < 1 的称为亚声速，Ma > 1 的称为超声速，Ma > 5 的称为高超声速。把 Ma 在 0.8~1.2 这个麻烦速度范围的称为跨声速。

临界马赫数

在该飞行速度上，飞机部分部位的马赫数将达到 1。

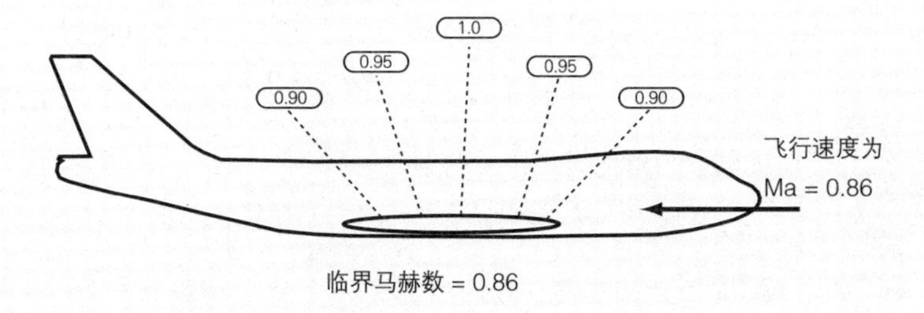

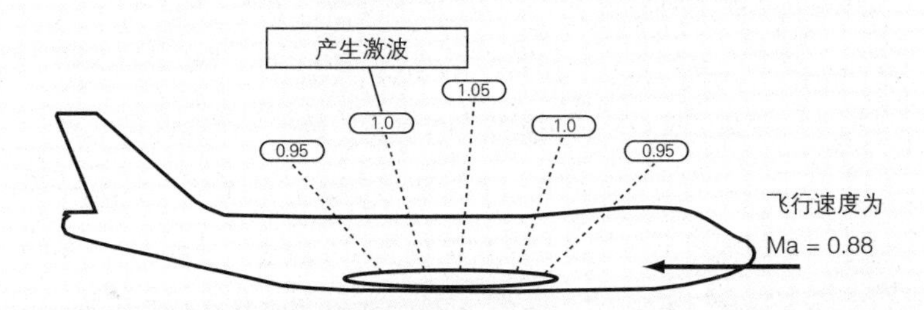

如果飞行马赫数超过临界马赫数，飞机上某些部位的马赫数大于 1，就会产生激波。主翼上产生激波时，主翼上流动的空气就会被分离。分离的空气携带巨大的能量，使机身后部产生振动，从而发生抖振现象。抖振现象是激波失速的前兆，所以绝不能以超过临界马赫数的速度飞行。

测量飞行高度的装置

关于气压高度表

飞机的高度表以气压为标准测量高度。下面，我们来探索一下它的原理。

气压就是空气的重量，因此越接近地面，气压就越大。我们就利用这个性质来测量高度。例如，1000 m 和 5000 m 高度之间的气压差等于位于其中的空气重量。

水银柱（水银制成的压力计）在地面上的高度是 760 mm。在高度 1000 m 处，水银柱的高度为 674 mm，以此类推，高度 2000 m 处的水银柱高度为 597 mm，随着高度增加，水银柱变低。因此，只要给水银柱标上刻度，就可以得到一个出色的高度计。也就是说，给一个普通的气压计标上表示高度的刻度，就能将之作为高度计使用。

当然，飞机上的高度表并不是用水银做的。其中代表性的例子就是**空盒**，它的里面是一个真空的膜盒，通过加工，这个膜盒能够更加灵敏地感知气压变化并且变形，可通过它的膨胀程度（每升高 6000 m，膨胀 2 mm）来计算高度。因为它小且轻便，可以装入仪表中，所以作为飞机装置非常理想。采用空盒技术的速度仪和高度表，被称为**空盒仪表**。

但是，如今我们不再使用空盒来测量气压，而是使用一种通过电力来测量气压的仪器——**数显气压检测仪**。飞机安装这一装置后，以往原样传达总压和静压的管线全部换成了电线，这样不仅更加轻便，测量精度也得到大幅提高。

怎样测量自己的飞行高度?

在水银柱上刻上刻度，它就变成了高度表

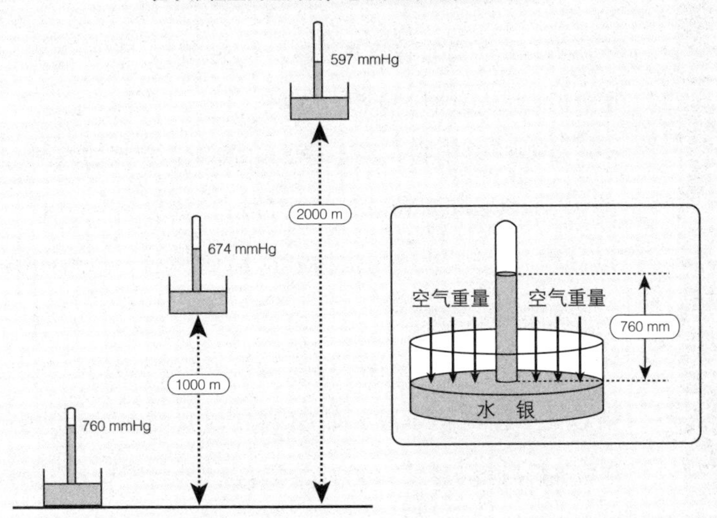

高度表与速度仪的区别

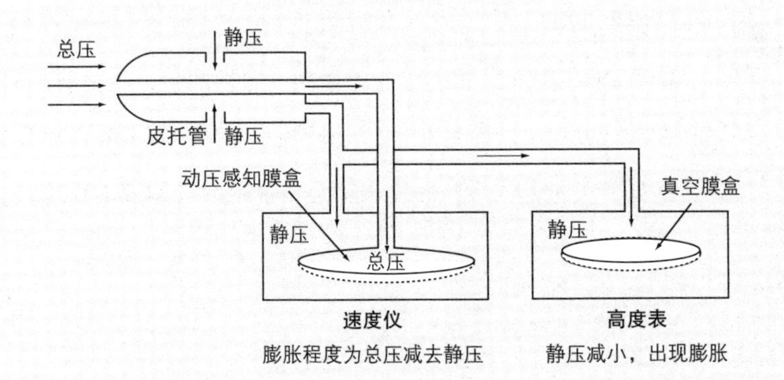

必须调整气压高度表

地面气压不一定总是一个标准大气压

气压高度表的刻度是以地面气压为一个标准大气压为前提而刻的，因此，当地面气压不是一个标准大气压时，气压高度表就不能正确指示高度。

为此，我们需要调整气压高度表的基准点。调整气压高度表的方法被称为**高度表拨正**，具体包括三种以 Q 为代码首字母的方法：QNH、QNE、QNF。

QNH 指的是拨正高度表使其显示起降机场的海拔。比如说，广岛机场海拔 1072 ft（约 327 m），通过使用 QNH，飞机起飞时，气压高度表将指示 1072 ft，而起飞后，则将指示距海平面的实际高度。

起飞后，当飞行高度超过 14000 ft（约 4300 m）时，需使用 QNE。QNE 假定海平面气压为一个标准大气压，**在日本，飞机飞行高度若超过 14000 ft，或者在大洋上方飞行（因为大洋上无人汇报气压）时，就将气压高度表设置为 1013.2 hPa。**

此外，设置为 QNE 的状态下，指示的数值只能以 100 ft 为单位，例如气压高度表要指示 15000 ft，其显示数值为“飞行高度 150”。

QNF 在日本并没有获得使用。它指的是，飞机起降时，在滑行过程中设置跑道上的气压，使气压高度表显示高度为 0。这样，飞机起飞后，高度表就会显示距滑行跑道的高度，而不是实际高度。

必须调整气压高度表

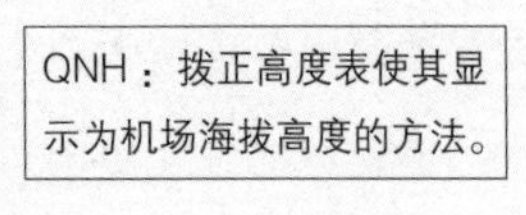
QNH：拨正高度表使其显示为机场海拔高度的方法。

起飞后显示距平均海平面的高度。

起飞时显示机场的海拔高度。

3000 ft

1072 ft

平均海平面的气压为1019 hPa。

高度表指示 33000 ft（10000 m），但其实高于实际高度。

QNE：将高度表的修正值设定为1013.2 hPa的方法。

高度表指示 33000 ft（10000 m），但其实低于实际高度。

地面气压为一个标准大气压时变为同一高度。

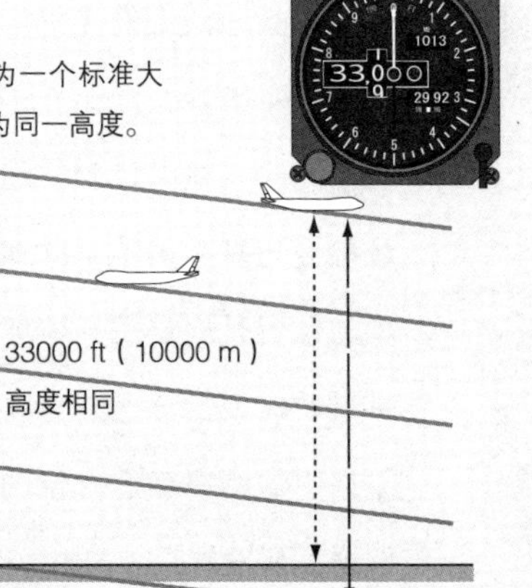

了解飞机实时姿态的装置

要了解飞机的姿态，就需要姿态指示器里的地球仪

当人身处雪山等一片白茫茫之中，就会出现天地一色的错觉，分不清哪里是天，哪里是地。

即使双脚着地，也分不清天空与大地的界限，更何况在空中，尤其在云里飞行时，就更不可能辨别了。因此，据说在过去，飞机只在天气晴朗的时候才飞行。

即便如此，我们依然有必要正确掌握飞机的姿态，最简单的测量仪器就是拉在飞机前面的绳索，如下页图所示。虽说这种仪器非常简单，但通过将之与地平线进行比较，就能判断上升、下降还是倾斜等基本姿态。

当然，现在已经不再使用绳索去测量了。通过现在所使用的仪器，飞行员即使完全不看外面，也能掌握飞机的姿态。这是为什么呢？这是因为现在的仪器里装有地球仪。这种仪器叫作**姿态指示器**，简称 ADI。

姿态指示器中间有一条人造地平线，线的上面代表天空，为蓝色，线的下面代表大地，为褐色，就像一个地球仪。通过比较指示器中的飞机标志与地球的位置，就可以得知飞机的实时姿态了。

无论飞机是倾斜，还是仰头、低头，仪器上的人造地平线都会与真实的地平线保持一致。在姿态指示器中，飞机标志的位置是固定的，地球仪会随着飞行姿态变化。不过，如果只看仪表盘，人们会以为是飞机标志在动。包括姿态指示器在内的所有确定方位的测量仪器中，**陀螺仪（测定角度的仪器）**都发挥重要作用。那么陀螺仪是如何大显身手的呢？下一小节中我们将共同探索陀螺仪的工作原理。

怎样确定飞机的飞行姿态?

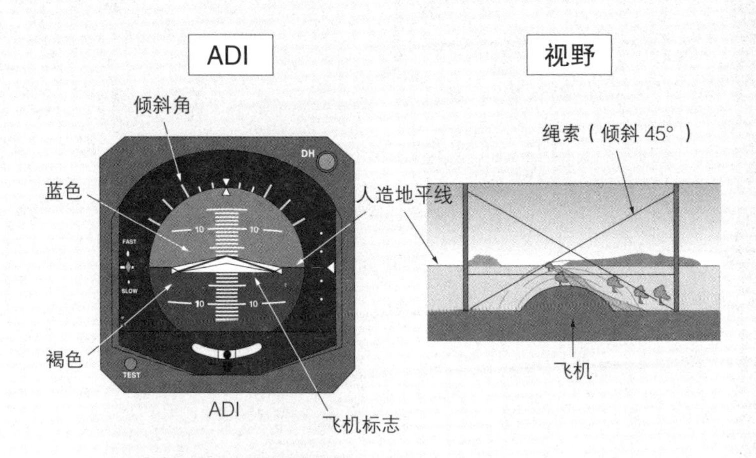

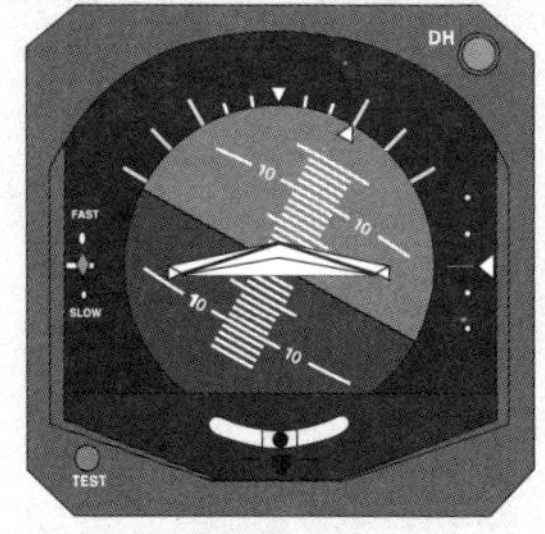

倾斜角 30°

向左转弯

倾斜角 30°

向左转弯

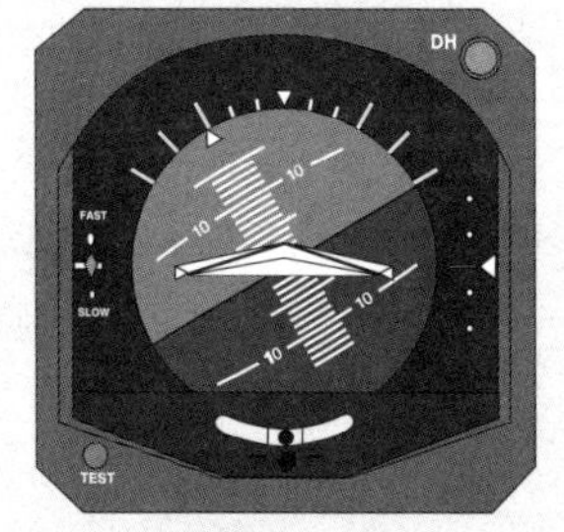

倾斜角 30°

向右转弯

倾斜角 30°

向右转弯

对确定飞机姿态来说十分方便的特性

利用陀螺仪特性的姿态指示器

法国物理学家傅科使用摆证明了地球的自转，他还试图使用高速旋转的陀螺装置来证明地球自转，并将这一装置命名为**陀螺仪（gyroscope）**。

陀螺仪的英文由 gyro（旋转）和 scope（看）两个词组合而来，也就是说，它是观测地球旋转的仪器。陀螺仪有一个伟大的特殊性质：**只要高速旋转就不会倒，而且其旋转轴永远指向宇宙中的同一个点。**

说点题外话，如果把地球当作一个陀螺仪，那么地球的自转轴永远指向的点就是北极星。因此，从航行在大海的船上看见的北极星，就是那个基本不动的固定点，成为人们确定自己航行位置的希望之星。这种通过观测天体来推测位置的方法，叫作**天文导航**。

将陀螺仪竖起时，其特性十分有利于确定飞机姿态。这种陀螺仪被称为 **VG（垂直陀螺）**，但它存在一个问题。

飞机飞行时，由于陀螺仪的自转轴总是指向宇宙中的固定点，因此在飞机内部看时，陀螺仪好似在随意转动。另外，如傅科已证明的那样，地球在自转，即使飞机不动，在飞机内部看过去，陀螺仪的自转轴似乎也在随意变动。

人们发明了一种仪器来解决这些问题，让垂直陀螺的旋转轴一直指向地球的中心，这样，不管飞机如何运动，该仪器始终与地平线保持平行。这种指示仪表就是姿态指示器。

将宇宙性的活动限定在地球范围并加以利用

使用VG（旋转轴垂直的陀螺仪），
就能够指示飞机的飞行姿态。

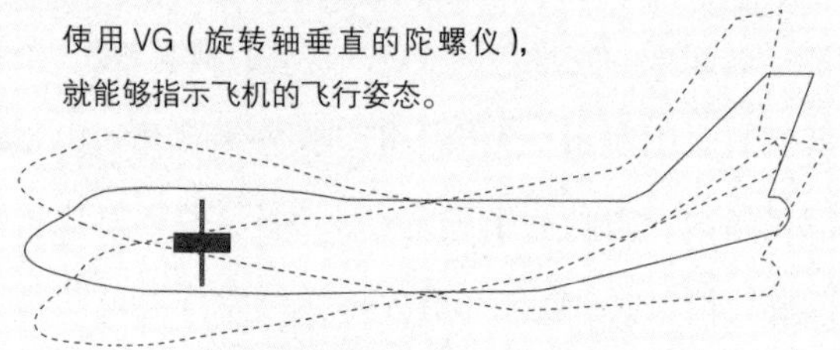

陀螺仪的旋转轴指向宇宙中的一个固定点

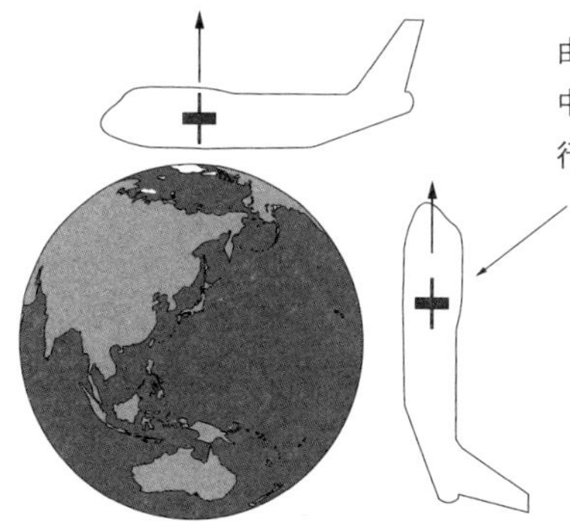

由于陀螺仪的旋转轴总是指向宇宙中的一个固定点，因此，飞机一飞行，垂直陀螺就不能发挥作用了。

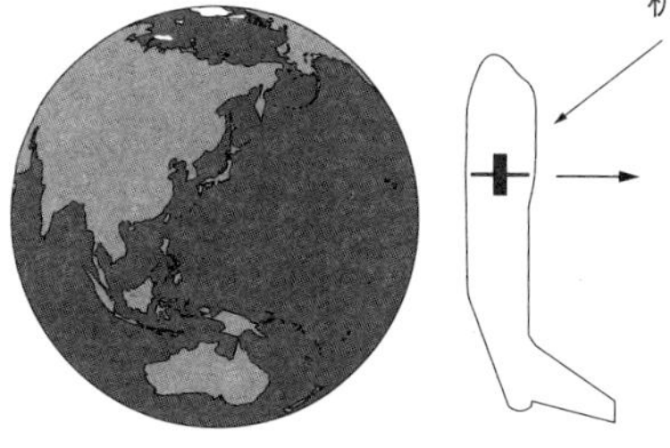

控制陀螺仪的旋转轴，使之总是指向地球的中心，这样就能够指示飞机的姿态了。

为什么能够识别方向？

利用地磁的方法

只要将陀螺仪竖起来，就能了解飞行姿态，那么，人们会自然而然地想到，如果把陀螺仪放平，就可以识别方向了。

竖起来的陀螺仪叫 VG，放平的则叫 DG（**航向陀螺仪**）。就像下页图所示，无论飞机朝向左右哪边，由于航向陀螺仪总是指向宇宙的一个固定点，因此，只要对比机头和陀螺仪的旋转轴，似乎就能知道方向了。

但实际上并没有那么简单。即使能使陀螺仪保持水平状态，仅通过陀螺，也无法辨别北的方位（无法识别哪边是北），而北是识别方向的重要依据。即使短暂地识别出了方向，如图所示，由于飞机移动和地球自转，终究还是会迷失方向。

于是，人们想出了一种解决方法：将探测地球磁场的传感器变为电信号，使航向陀螺仪的轴总是指向磁场北极。**感应式磁传感器**（也有别的称呼）是探测地球磁场的装置，为了不受飞机产生的磁力影响，被安装在机翼尾端。

探测方向的代表性仪表有：HSI（**水平位置指示器**）和 RMI（**无线电磁方位指示器**）。但是，现在的高科技飞机没有利用地球磁场，不是以**磁北**为基准，而是通过后文讲述的惯性导航装置，以地球自转轴指向的**真北**为基准。不过，即便是现在航线以磁北为基准方位进行设定，使用地球磁场的数据库，从地球自转轴指向的真北也可以推算出磁北。

为什么能够识别方向?

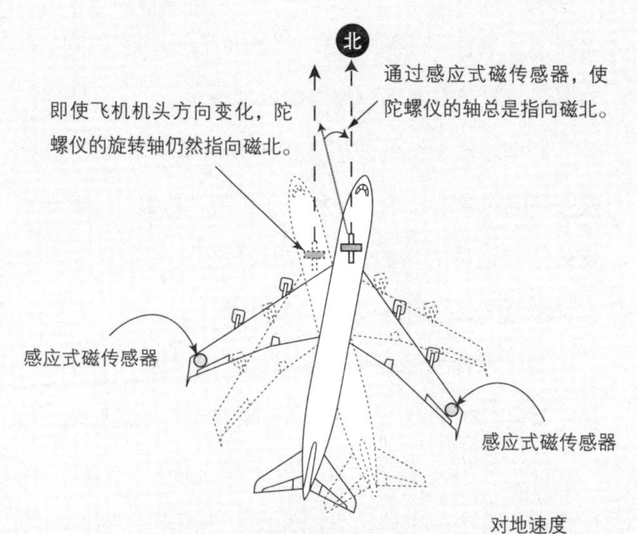

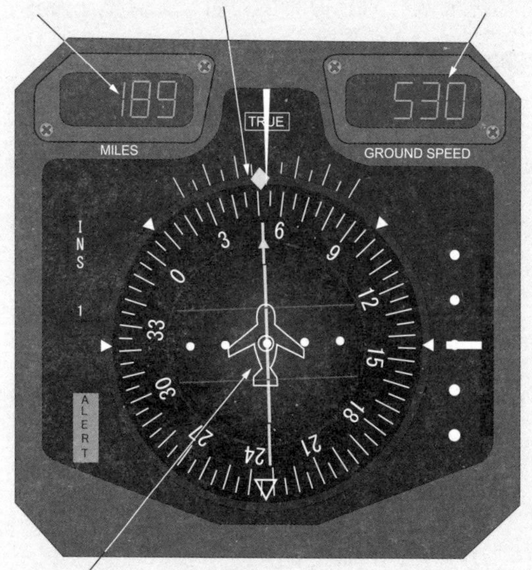

水平位置指示器（HSI）

能够识别飞机姿态和航向的惯性导航（1）

从电车的吊环拉手思考『飞机的姿态』

要识别飞机的姿态和航向，VG 和 DG 两种陀螺仪必不可少。但现在的喷气式客机所采用的方法，并不是在各个计量仪器上分别使用不同的陀螺仪，而是使用能够同时识别飞机的姿态、航向以及飞行位置的处理系统。

汽车导航系统的发展取得了惊人成绩，航空领域也一样。**航空领域的导航技术（一种为了引导飞行器、船舶安全、可靠、高效地到达目的地的技术）**的发展始于成功登月的阿波罗宇宙飞船上搭载的**惯性导航系统（INS）**。

为了解释什么是惯性导航，我们以电车内的吊环拉手为例（假设在电车内无法看见车外的情况）来进行说明吧。

当电车开始发动，一直处于静止状态下的吊环拉手在惯性作用下会朝电车前进方向的反方向倾斜。当速度稳定以后，吊环拉手就会回到原来的位置，如果电车减速，吊环拉手则会朝电车的前进方向倾斜。

像这样，**若准确测出吊环拉手的倾斜度，就能得出加速度。再用加速度进行积分运算，就能得到速度。**简单来说，如果倾斜持续的时间已知，那么通过公式**加速度 × 时间 = 速度**就能求出速度。求出速度后，根据公式**速度 × 时间 = 距离**，就能得出电车已移动的距离。

综上可知，即使看不见车外情况，通过观测吊环拉手也能掌握电车的动向。而由于此导航技术应用了惯性原理，所以又称其为**惯性导航**。

什么是惯性导航（1）

惯性导航的原理

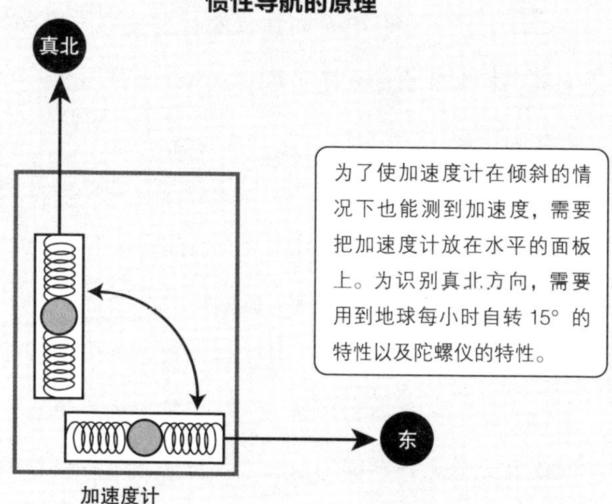

为了使加速度计在倾斜的情况下也能测到加速度，需要把加速度计放在水平的面板上。为识别真北方向，需要用到地球每小时自转 15° 的特性以及陀螺仪的特性。

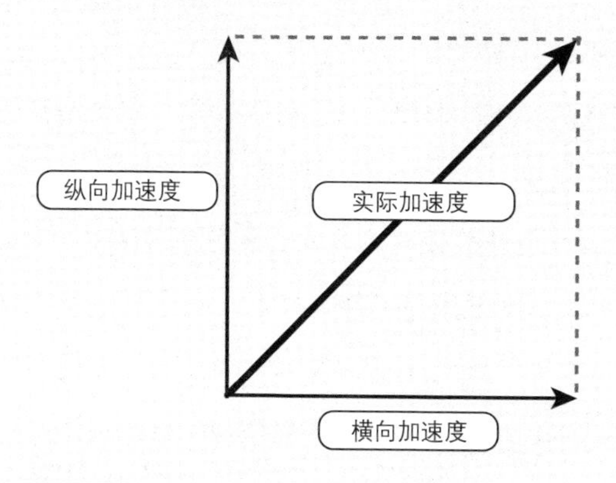

只要知道出发点的位置和加速度，根据

速度 = 加速度 × 时间

距离 = 速度 × 时间

那么无论到哪儿都能知道现在的位置。

能够识别飞机姿态和航向的惯性导航（2）

飞机发展到能够识别真北

测量加速度的装置当然不是吊环拉手，不过即便是现在的加速度计，在飞行姿态发生变化时，也有可能将飞行姿态的变化和加速度搞错。

于是，人们将3个陀螺仪安装在被称为平台的装置上，**它能够控制飞机向水平且真北方向（不是磁北，而是地图上的北）飞行。**

该装置不仅能够代替用于了解飞行姿态和方向的陀螺仪（DG、VG），而且只要在飞机飞行之前输入机场的位置（纬度、经度），就能在不借助无线设施的情况下识别飞机的即时位置。

我们把这种不借助于他人，仅通过飞机自带装置进行导航的方法，叫作**自主导航**。该装置的出现，**使飞机除了能识别磁北之外，还能够识别真北**。它还能进行自动引导，大幅减少了飞行员的工作负担，这部分内容将在关于自动驾驶仪的部分详述（见第100页）。

现在已经不再使用机械陀螺仪，而主要使用被称为**激光陀螺仪**的装置。该装置使用激光，和普通陀螺仪具有相同性质。由于该装置机械性旋转的部分较少，因此故障也少，又小巧轻便，可谓是最适合飞机的陀螺仪。通过将该陀螺仪与电脑组合，可以建立虚拟的水平平台，因此可以直接在飞机上安装这些装置。相对于机械式陀螺仪的平台方式，这种能直接安装在飞机任何部位的方式叫作**捷联式惯性导航**。

什么是惯性导航（2）

激光陀螺仪

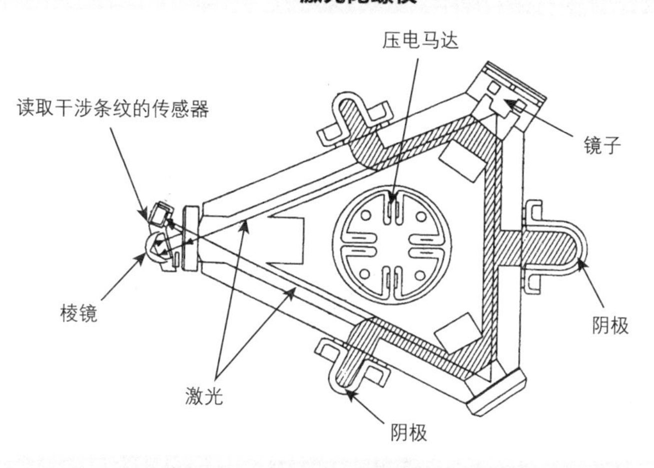

惯性导航系统

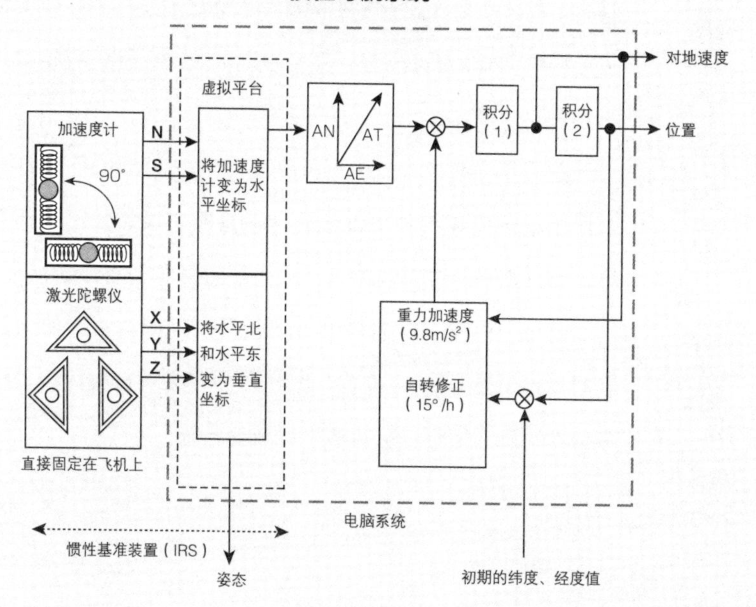

确定飞行实时位置的方法

ND（领航仪）的结构

识别飞机飞行中实时位置的方法与汽车导航系统的原理相同。将陀螺仪和加速度计计算出的即时位置（经纬度）与地图相对照，便能客观地识别实时位置。基于能够实时处理海量航线图数据的电脑、能细致显示位置的显像管和液晶屏技术，飞机导航系统方能问世。

ND（领航仪）这一装置能将导航相关信息汇总后显示出来。领航仪上显示一条由航路点（预定通过地点）连接组成的通道，通道上的飞机标志显示飞机实时位置，这样就能直观地了解飞机现在所在位置了。

导航仪上还能够显示雷达探测到的雷雨云等信息，因此应向哪个方向飞行以避开雷雨云，飞行员也能做到一目了然。

HSI（水平位置指示器）是从近处观察本机的计量仪器，而 ND 则是从高空观察本机的计量仪器。ND 与 HSI 最大的不同点在于，ND 可以改变所显示地图的大小，还能根据飞行员的要求改变模式。

与汽车导航系统可以显示停车场和加油站相同，**ND 也可以显示附近的无线救援设施，自动接收该设施发出的距离信息，修正本机的位置误差等，从而做到更准确地导航。**

此外，由于 ND 搭载了 GPS，可以时刻对比导航装置算出的本机位置与 GPS 位置，因此即便在无法接收无线救援设施信号的海上飞行，也能够进行准确导航。

如何掌握实时位置?

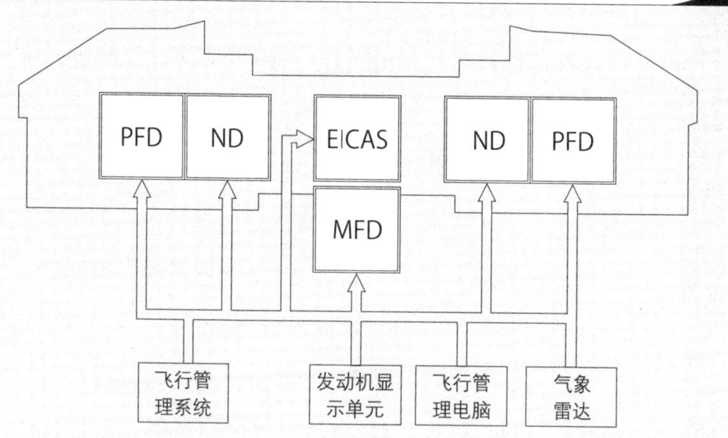

PFD（Primary light Display）（下图）
显示飞行时所需的速度、姿态、高度等主要信息的屏幕
ND（Navigation Display）（下图）
综合显示导航相关信息的屏幕
EICAS（Engine Indication and Crew Alerting System）
该系统不仅显示发动机的状态，还会在发生异常时通知飞行员
MFD（Multi Function Display）
多功能显示屏

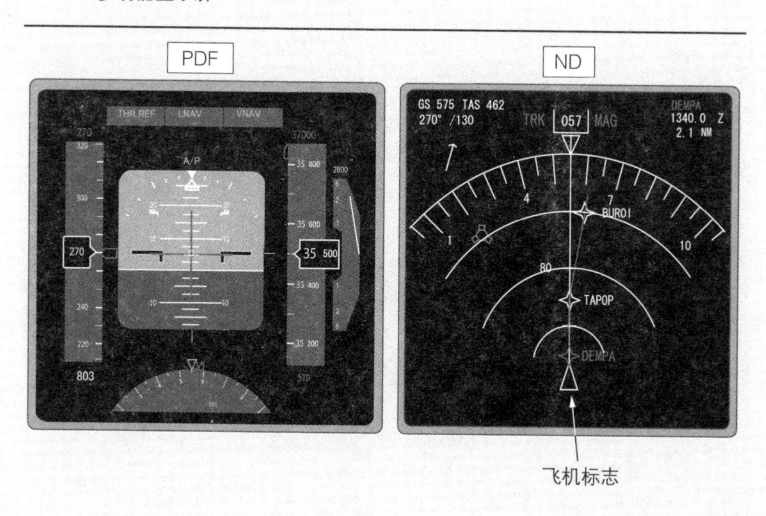

什么是自动驾驶？

依靠系统而不是机器人实现自动化

自动驾驶拥有较长历史，早在莱特兄弟第一次飞行之后，也就是20世纪的第一个十年就开始研发了。当时的自动驾驶主要用于实现平稳水平飞行，通过旋钮而不是操作杆来使飞机盘旋。

自动驾驶的基本原理如下：用**陀螺仪**替代人体用以感知倾斜的三对半规管，用**电信号**代替视觉神经，用**伺服电动机**替代飞行员的手和脚去启动起动器，以及操作方向舵、副翼和升降舵等，而不是由机器人自动操纵飞机。

现在，随着计算机技术越来越发达，比起操作系统实现自动化，人们更重视对飞机航行的整体过程进行管理。为防止飞机发生荷兰滚的稳定性功能以及旋钮操作功能与以往相比基本未发生改变，较大的改变在于加入了**制导功能**。**制导功能是指，通过自动驾驶使飞机沿着预定航线自动飞行。**

比如，很早以前飞机在海上的航线飞行时，是根据天上星体的定位（天文导航）。后来，通过海上也能接收到的电波——罗兰和奥米加[1]，飞机便可以进行定位。

无论采用上述哪种方式，飞行员都需要考虑风向等因素，推断接下来航线的方向，操作旋钮控制飞行方向。而惯性导航系统的问世，以及自动驾驶进行自动飞行的制导功能的添加，大大降低了飞行员的工作负荷。

1. 即罗兰－C导航系统和奥米加导航系统。——编者注

自动驾驶

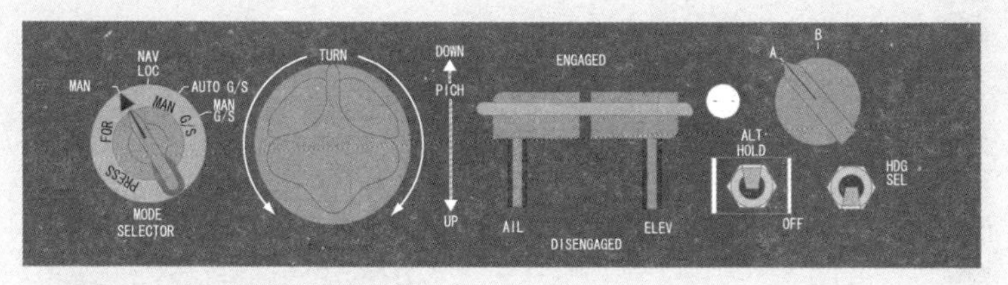

波音 727 的自动驾驶控制面板
- 保持高度
- 控制俯仰与倾斜的旋钮
- 通过仪表着陆系统进行自动制导

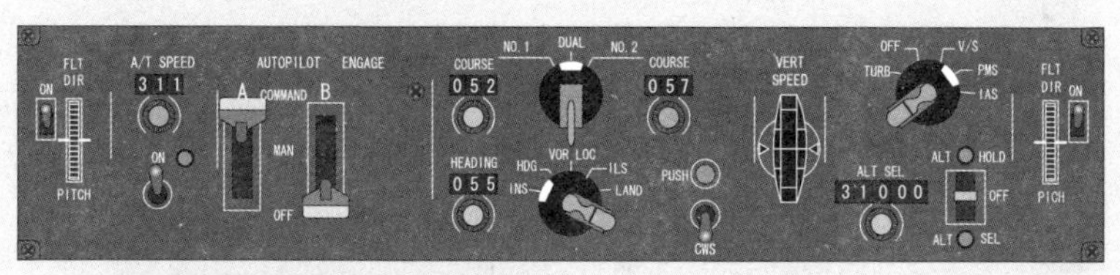

波音 747-200 的自动驾驶控制面板
- 保持高度和速度
- 控制俯仰与倾斜的旋钮
- 在航线上自动引导
- 通过仪表着陆系统进行自动制导和自动着陆
- 发动机推力控制以及三维导航

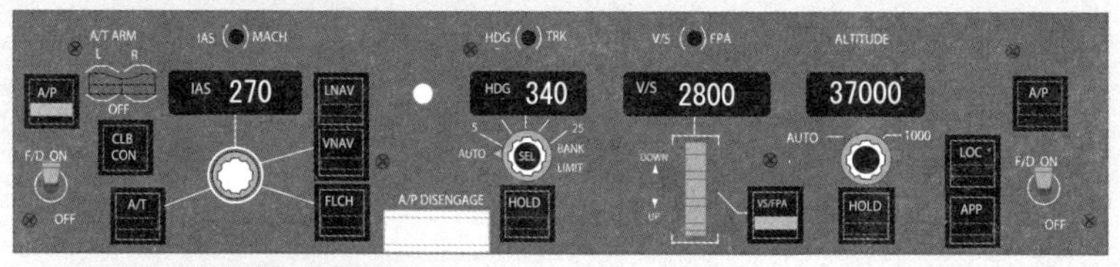

波音 777 的自动驾驶控制面板
- 保持高度和速度
- 控制俯仰与倾斜的旋钮
- 在航线上自动引导
- 通过仪表着陆系统进行自动制导和自动着陆
- 发动机推力控制以及三维导航

※ 波音 747 与波音 777 在功能上几乎没有不同。但是，波音 777 实现了数字化，精准度得到提升。

什么是飞行管理系统（FMS）？

发动机控制功能，让飞机实现三维制导

对飞机飞行起重要作用的功能中，还包括发动机控制功能。飞机飞行离不开发动机控制功能。有个叫作自动油门的神奇装置，可以自动计算出飞机起飞、爬升时所需要的最大推力，然后按照数值进行调配，还可以控制飞机以这个速度稳定飞行。

飞机上搭载了**发动机控制功能**，就可以实现水平方向（水平导航、水平航行）与垂直方向（垂直导航、垂直航行）两种方向的制导，也就是能够做到三维的制导。

自动油门还能够精准、严谨地调节速度上的细微变化，这样一来不仅减轻了飞行员的工作负荷，还能够大幅度降低燃油消耗率。

而能够集中管理自动油门与自动驾驶仪的系统，就是**飞行管理系统（FMS）**。

在这个系统中，有一个**叫作 FMC 的中央处理器**，它的内部存有大量的发动机数据与飞机的导航数据。FMC 通过飞行员输入的数据以及分析外部空气得来的数据（也就是大气数据），计算出最为经济的航线和飞行速度。这样一来就可以控制发动机，还可以通过调控各个操纵面做到水平方向与垂直方向的自动制导。

FMS 的功能可以总结如下：

- **导航管理（实现从起飞到着陆过程的自动制导）**
- **飞行管理（控制从起飞到着陆过程中的飞行姿态与推力）**
- **性能管理（计算出最佳高度与速度）**
- **显示功能（显示航行信息）**

FMS 是什么?

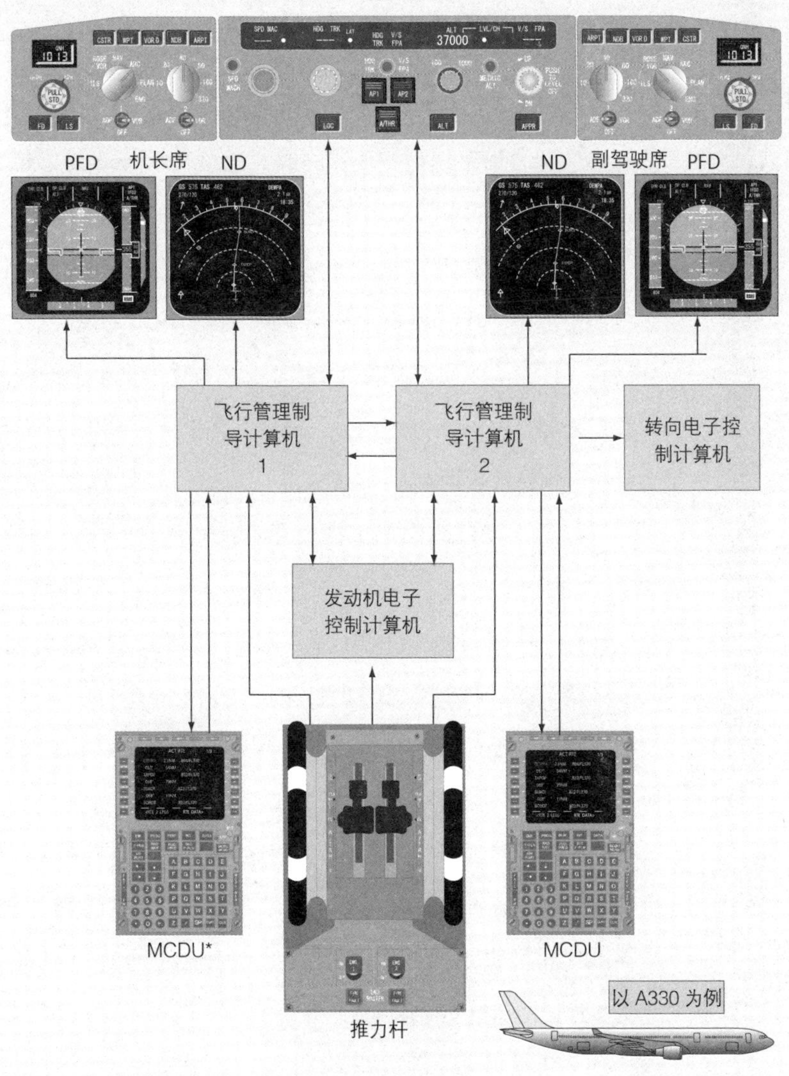

* MCDU: 多功能控制显示器

为什么发动机需要仪表？

为提前预测异常，以及在异常发生后采取相应对策

喷气式发动机中具有代表性的仪表有**排气温度表（EGT）、转速表、燃油流量表、发动机压力比（EPR）表**等。为什么需要这些仪表呢？我们先以汽车的发动机温度表为例来进行探索。

有些汽车没有安装发动机温度表，但这些车上会安装发动警告装置，如果发动机温度过高，红色警示灯就会亮起。这是因为，人类的感官不能直接感知到发动机过热的情况。

当温度表示数上升或红灯亮起时，人们就可以让发动机在树荫下散热，或者检查散热器中的水量。也就是说，多亏有仪表，人们才能知道发动机发生了故障并采取适当的措施。如果不采取任何措施继续驾驶，那么必将影响发动机使用寿命，还可能导致其损坏。

可以说，飞机比汽车更需要通过仪表来检查发动机的状态。

比如，在起动发动机时需要注意排气温度。当温度即将超过限制值时，必须马上终止起动。这不仅限于发动机起动过程，其他驾驶过程中，飞行员也需要一边关注仪表，一边操纵发动机的加速器——推力杆。

仪表之所以重要，是因为人们可以通过仪表来监视发动机，这样可以提前预测异常情况，了解引起异常的原因，以便采取适当的措施。此外，通过将驾驶控制在合理范围内，还能够延长发动机的使用寿命。

为什么发动机需要仪表?

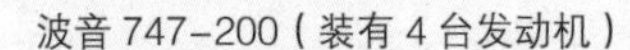
波音 747-200（装有 4 台发动机）

因为指针方向相同，所以很容易发现异常

N1：风扇转速表

EGT：排气温度表

N2：高压压气机转速表

FF：燃油流量表

波音 777（装有 2 台发动机）

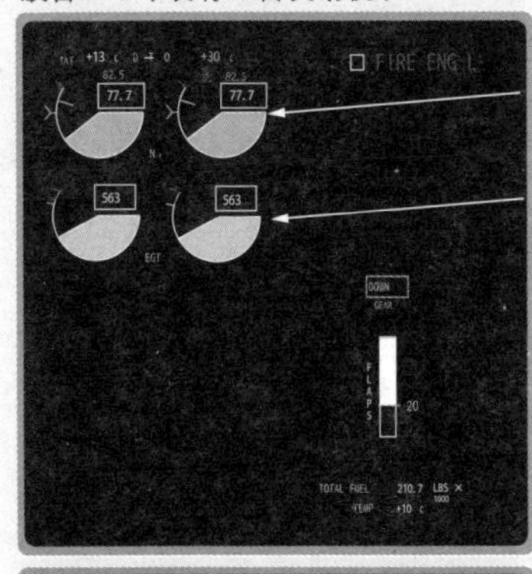

N1：风扇转速表

EGT：排气温度表

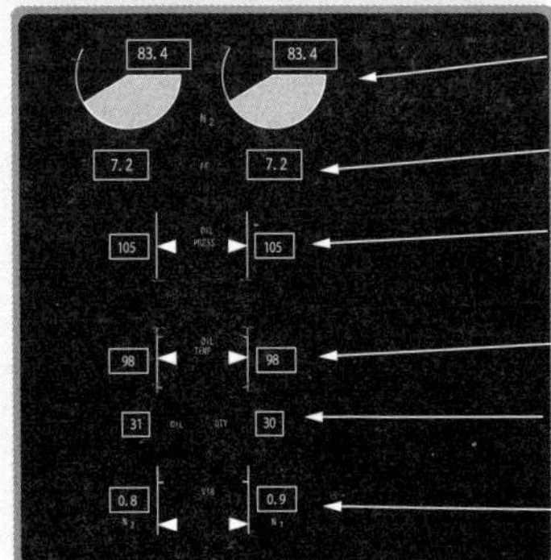

N2：高压压气机转速表

FF：燃油流量表

发动机油压表

发动机油温表

发动机油流量表

发动机振动计

发动机仪表还能够测算推力

飞机的所有性能都与推力有关

飞机发动机的仪表还有一个重要作用，就是测算**推力大小**。如果人们不知道一辆汽车的最大输出功率为 110 kW(6200 rpm)，并不影响日常驾驶。

但是，对飞机而言，**起飞所需距离、起飞重量、起飞速度、可爬升距离等重要性能均与推力紧密相关**。在飞机实际起飞时，人们还需要了解飞机是否能够产生预定推力。

然而遗憾的是，我们无法直接测量飞机在飞行过程中的推力。我们来了解下，依靠哪些测量仪器能够设置正确推力呢？

首先，与实际的推力大小成线性正比关系的代表性仪表是 **EPR 仪表**。

EPR 仪表能够将测出的发动机进气口的压力和发动机出气口压力的比值以数值显示。因此，它没有单位。早期涡轮风扇发动机的涵道比还只是 1 的时候，其推力与 EPR 几乎成线性正比关系。

但是，对高涵道比的发动机而言，其风扇喷出的气体占整个发动机气体的 80%，因此其发动机压力比只占总体的 20%，所以二者之间不再呈现线性正比关系。

而当风扇高速旋转时，其转速与推力成正比关系，因此也有发动机不安装 EPR 装置，而将已有的风扇转速表当作推力仪表来使用。

了解推力大小所必需的仪表

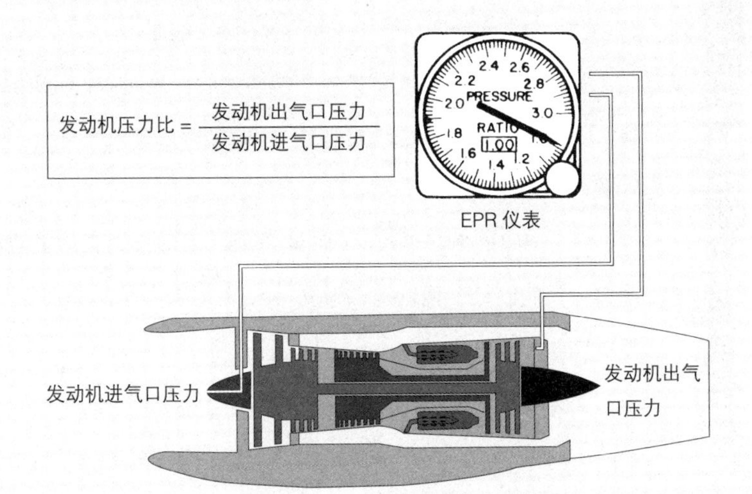

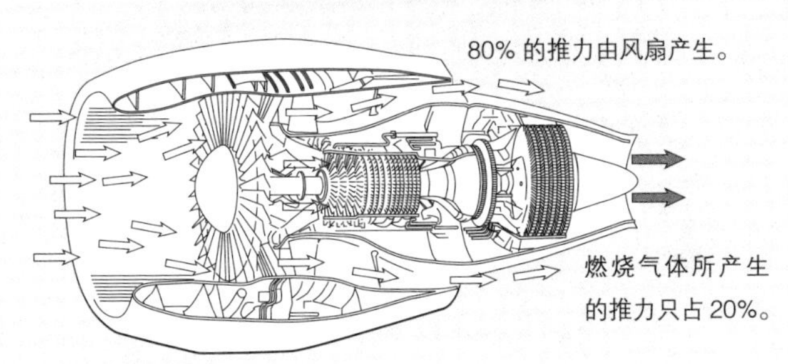

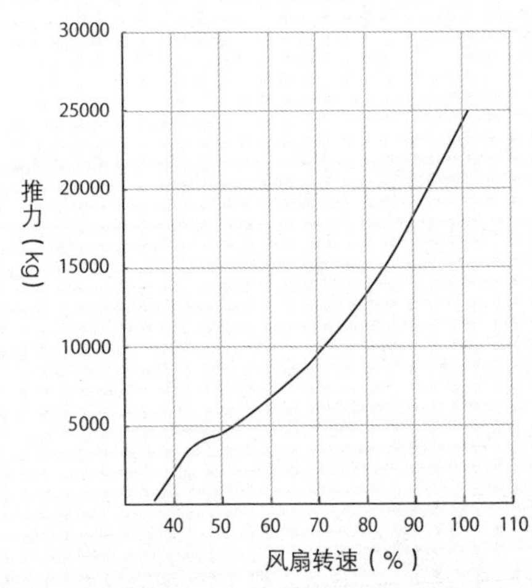

风扇转速与推力几乎
呈线性正比关系。

发动机转速如何计数？

用百分比（%）表示更容易理解

转速表是用来显示转速的仪表。转速一般用符号 N 表示，以双转子涡轮风扇发动机为例，风扇和低压压气机的转速用 N1 表示，风扇和高压压气机的转速用 N2 表示。

因此，指示风扇和低压压气机转速的仪表叫 **N1 转速指示计**。指示风扇和高压压气机转速的仪表叫 **N2 转速指示计，其计量单位为“%”**。

这是因为，**N1 和 N2 的转速不同，用百分比表示更容易明白**。我们以 CF6 型发动机为例，尽管不同型号转速有所差异，但 N1 的转速在 100% 的情况下大约达到 3400 rpm（每分钟转数），N2 的转速在 100% 的情况下大约达到 9800 rpm，当转速表显示 84% 时，N1 即 $3400 \times 0.84 = 2856$ rpm，N2 即 8232 rpm，由此可以看出，84% 的表述从视觉上来说更容易理解。

各个转速表的传感器都是独立的，不需外接电源。N1 传感器利用电磁感应原理工作，风扇每转一圈就产生一个脉冲信号，传感器根据脉冲信号的频率显示发动机转速。说句题外话，家用电表的工作原理也是电磁感应。

N2 传感器不仅不需要外接电源，还起到极好的交流发电机的作用。其频率作为转速在仪表上显示，而其产出的电则用于发动机控制系统。

此外，最大推力下转速并非一定是 100%，也存在超出 100% 的情况。这是因为，即便是同一发动机，在经过改良后，其转速也可能超出原有设计值。

发动机转速如何计数?

风扇转速（N1 转速指示计，CF6-80C2 发动机）

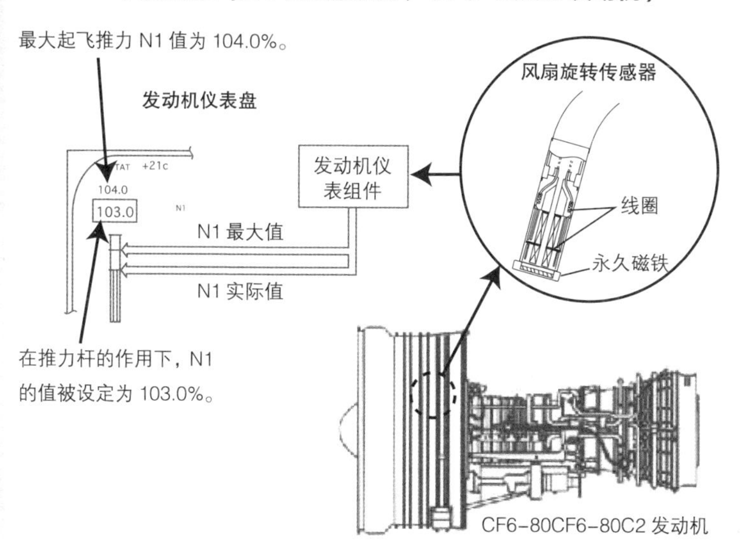

CF6-80CF6-80C2 发动机

这里应用了电磁感应原理，即风扇通过永久磁铁时会发电。风扇每转一圈就产生一个脉冲信号，根据脉冲信号的频率显示发动机转速。

高压压气机转速（N2 转速指示计，CF6-80C2 发动机）

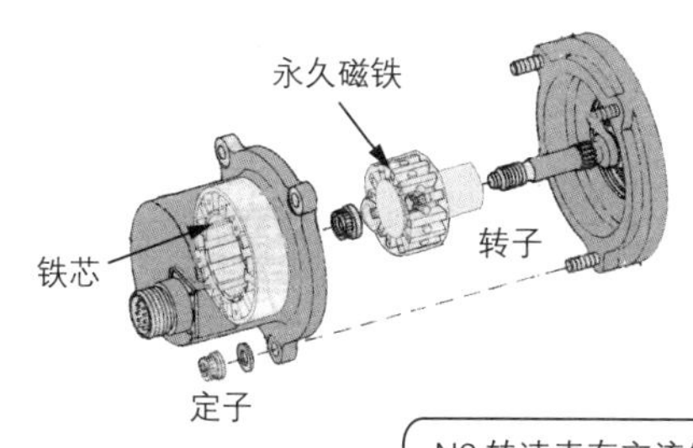

N2 转速表有交流发电机的作用。N2 转速表上会显示转速频率，另外，它产生的电还可以用于发动机控制系统。

如何测量发动机的温度？

涡轮机入口温度管理很重要

喷气式发动机中，环境最为恶劣的部位就是高压涡轮机入口的扇叶处。

它不但身处高温之中，而且还必须高速旋转。进入涡轮机的空气的温度，不仅对发动机的寿命产生巨大影响，而且还会使涡轮叶片发生蠕变（固体材料在保持应力不变的条件下，应变随时间延长而增加的现象）。

因此，虽然要测量涡轮机入口的温度，但却没有温度计能够长期承受 1300 ℃以上的高温。如果温度计爆炸，哪怕只有些许碎片混入以每分钟 10000 转的转速高速旋转的涡轮机内，发动机也会在瞬间出现故障。

于是，大部分发动机都不测量涡轮机入口的温度，而测量发动机排出气体的温度，或者接近入口的高速涡轮机出口的温度。

问题在于怎样测量温度。说到温度，人们首先想到水银体温计，但这种体温计需要 3 分钟才能出结果，因此派不上用场，而且，它的测量上限只能达到约 600 ℃。我们需要对温度反应灵敏且测量上限超过 1000 ℃的温度传感器。

能够满足这些条件的，就是由不同金属组合而成的**热电偶**，例如有些使用白金和铑合金制造。热电偶不仅对温度反应灵敏，还与温度变化成线性比例关系，几乎所有喷气式发动机都采用它测量温度。

如何测量发动机的体温

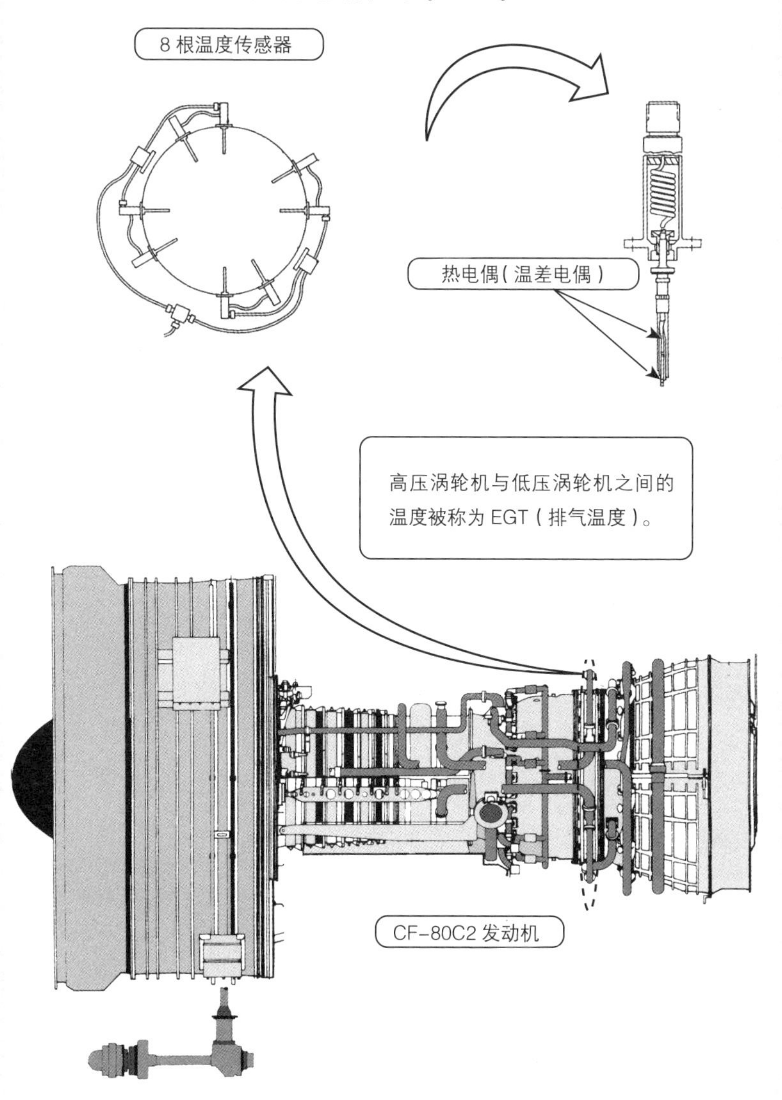
发动机的体温计（EGT）
8 根温度传感器
热电偶（温差电偶）
高压涡轮机与低压涡轮机之间的温度被称为 EGT（排气温度）。
CF-80C2 发动机

为什么要测量发动机消耗的燃油重量？

燃油流量表的重要作用是什么？

燃油流量表测量进入发动机的燃油流量，以每小时流入的燃油重量为单位。**之所以使用重量而非燃油量为单位，是为了掌握飞机的重量。飞机的重量对起飞距离与速度、爬升高度等具有重要影响。**

在一架飞机的总重量中，乘客和行李的重量在飞行过程中不会发生变化。即使乘客上厕所，也不会将排泄物从飞机上扔出去，因此，只要乘客还在飞机上，乘客的总重量就不会发生变化。

但是，有一个重量会发生变化，那就是发动机消耗的燃油重量。例如，如前文所述，从日本成田市飞到伦敦，需要消耗燃油约 130 t。一般来说，飞机飞得越高，其油耗越低，油耗最低的飞行高度被称为**最佳高度**。

最佳高度不是固定不变的，飞机越轻，最佳高度越高，因此在飞往伦敦的过程中，随着燃油不断地被消耗，巡航高度也会逐渐上升，这就是**逐渐升高巡航高度的方式**。

将飞行成本考虑在内的飞行速度被称为 **ECON 速度**。ECON 速度也随飞机重量改变而变化。

不过，在飞行过程中无法给飞机称重，因此必须通过将飞机出发时搭载的燃油量减去飞行过程中所消耗的量来计算。为此，燃油流量表的数据逐次输入计算机中，成为计算最佳巡航高度与经济速度的重要因素。不同于其他的发动机仪表，燃油流量表虽然并不需要飞行员时刻关注，但它发挥着如上所述的非常重要的作用。

为什么要测量发动机消耗的燃油重量?

向更经济的高度逐渐升高巡航高度

先飞行一阵，变轻后再做考虑。

当重量减轻到提高飞行高度更经济时再爬升。

飞机的飞行高度越高，油耗越低。
但是，当飞机重量过重时，飞得高反而会使油耗增加。
当飞机重量减轻到能够降低油耗时，飞机就向更高处爬升。

飞行准备（1）

至少要在出发前一个小时开始准备

经过飞机机械师的细致维修后，飞机即将从休眠中苏醒，而此时，飞行员正在制订飞行计划。

这项计划关系飞机的旅途能否既安全又经济舒适，为此需要确保不超过飞机的能力，减少飞行过程中的摇晃，以及减少燃油消耗等，根据这些因素来**决定飞机在空中的飞行路线即航线、巡航高度、爬升及巡航速度，还有所需燃油储量、飞机的重量，等等。**

飞行计划确定后，飞行员向飞机停放地出发。飞机停放的场所叫作停机坪（apron），将停机坪进一步细分，可容纳一架飞机的停机场叫作停机地点（spot）。在日本，还有人称停机坪为“ramp”,称停机地点为“gate”“bay”或者“stand”等，各种称呼混用，没有统一的固定名称。

飞行员到达停机地点后，先听飞机机械师详细说明飞机维修的相关情况。哪怕更换了一个小开关，机械师都要说明为什么更换、更换后效果如何等，不漏掉任何细节。飞机在飞行过程中一旦发生情况，这些说明将有效帮助飞行员做出适当判断与应对。

此外，停机地点的位置需要以经纬度的形式输入惯性导航系统。这是惯性导航系统独立运行的必要条件。插句题外话，在英国，哪怕在同一个机场，停机坪之间差之毫厘，经度就可能由东经变西经,截然不同。由此我们可以真正体会到，本初子午线始于英国格林尼治天文台的历史。

飞行准备（1）

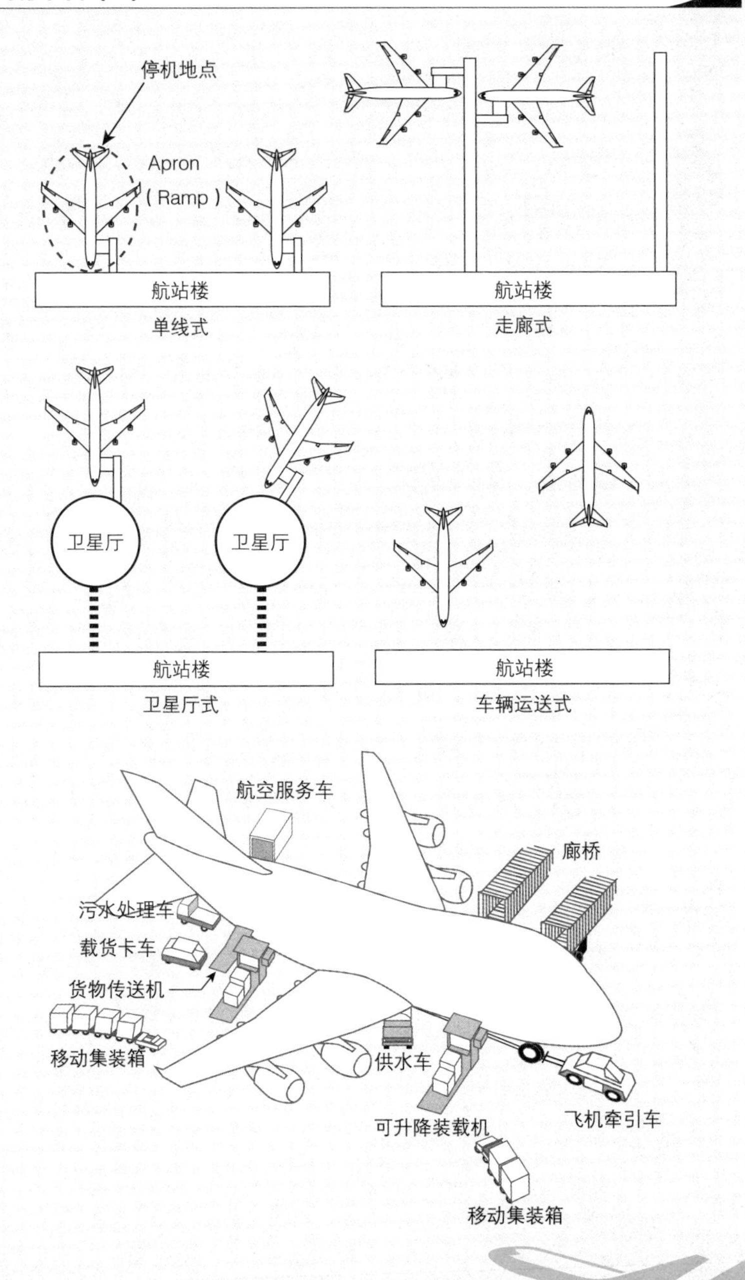
停机地点
Apron
(Ramp)
航站楼
单线式
航站楼
走廊式
卫星厅
卫星厅
航站楼
卫星厅式
航站楼
车辆运送式
航空服务车
廊桥
污水处理车
载货卡车
货物传送机
移动集装箱
供水车
可升降装载机
飞机牵引车
移动集装箱

如前文所述，**惯性导航系统通过组合陀螺仪和加速度计，在不借助外力的情况下，就能掌握飞机距初始位置的移动距离。**

为此，需要在导航系统感知到加速度之前，将飞机的初始位置，也就是停机位置的经度和纬度输入计算机中。通过飞机所处位置和陀螺仪感知地球的自转，就可以判断出真北方向，以此作为基准。

我们可以经常看到飞行员拿着手电筒**检查**大型客机的外部和周围环境（**航空界常称为“机外检查”**）的身影。起飞前需要做严格检查，除了飞机机械师进行维修检查外，飞行员也要进行飞行前检查。

在做好所有准备之后，还需要对照检查单进行最终确认。

临近出发时，我们就能知道最终乘客人员数和货物搭载量了。根据这些重量能够计算出飞机整体的重量，因此需要将这些数值输入到计算机中。这样，就能算出对飞机起飞非常重要的**起飞数据**。

起飞数据指的是：襟翼的角度、起飞时所需推力大小的发动机设定值和起飞速度的三个速度值 V1、VR、V2。

V1 是决定飞机是终止起飞还是继续起飞的速度，即飞机的起飞决断速度，VR 指的是飞机的仰头速度，V2 指的是升空之后能够安全爬升的最小速度，即飞机的安全起飞速度。

飞行准备（2）

输入现在位置（登机口）的经纬度

输入飞机重量后，将显示起飞速度

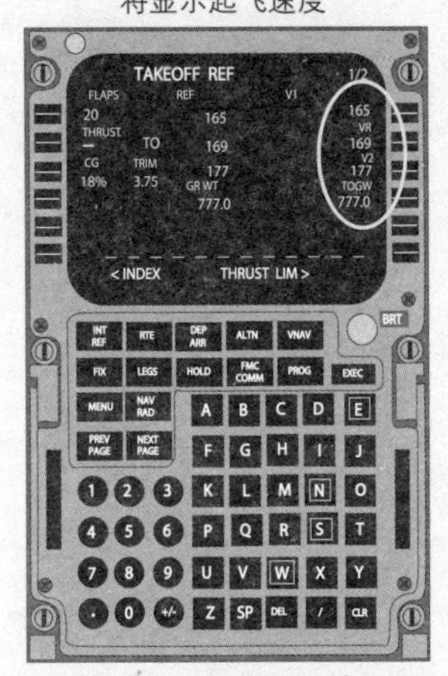

PFD 上将自动显示起飞速度 V1、VR、V2

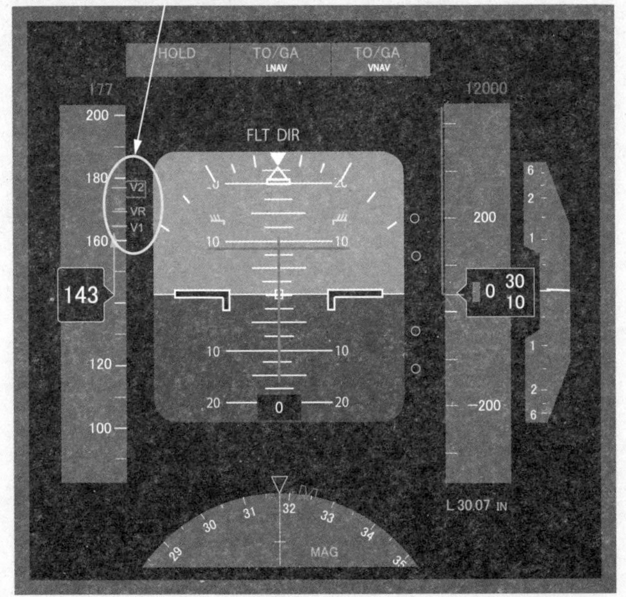

终于迎来发动机起动！

首先起动右侧发动机

飞机关闭所有舱门后，终于迎来发动机起动的时刻。绝大部分飞机都会先起动右侧发动机。**飞机编号的惯例是从面对飞行方向的左侧开始编排**。那么，为什么飞机的发动机起动要从右侧开始呢？这是由于飞机的登机口位于左侧。虽然原则上发动机需等待所有舱门关闭后再起动，但是考虑到可能存在因某种原因出现而在左侧舱门开启状态下起动的情况，先起动远离舱门的右侧发动机较为保险。

不过，并不是所有飞机都从右侧发动机开始起动。例如，将右侧起动装置与左侧对调后，想要确认其情况时，就需要先起动左侧发动机（当然在所有舱门均关闭后）。此外，某些航线（例如使用空客 A330 的航线），也有先起动左侧发动机的情况。

确认完检查单上的检查项目，地勤机械师也完成安全确认后，发动机准备起动。此时，飞机机身的红色防撞灯打开，因此从卫星厅也可以知道飞机已开始起动。

不过，**大部分飞机不能凭借自身的动力推出**。

这也不是绝对的，国外也有一些飞机通过发动机的反向喷射推出，凭借自身动力离开停机地点。将不能自主推出的飞机从停机地点推出的工作叫作**推出（push back）**，由动能强劲的牵引车来完成。

飞机推出

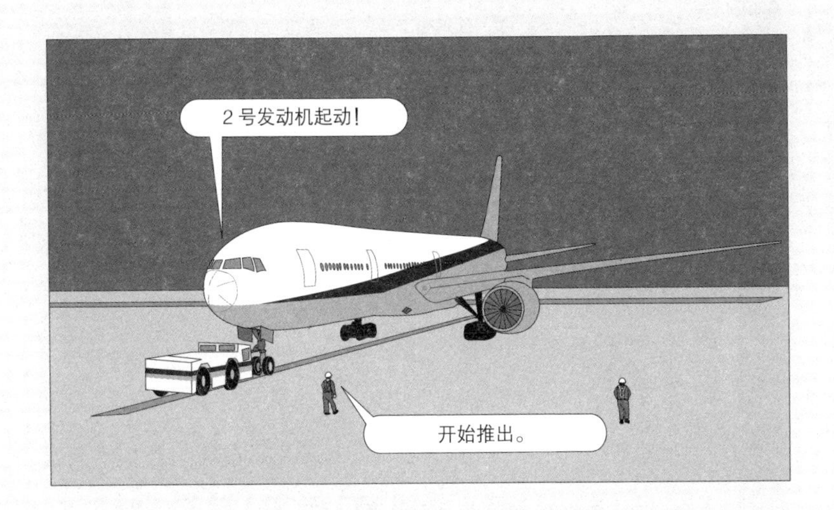

交通管制员：批准飞机推出。跑道 34L。

飞行员：机组呼叫地面。请推出。机头朝南。解除停留刹车。

地面工作人员：机头朝南，收到。解除停留刹车。开始推出。

飞行员：2 号发动机起动是否正常?

地面工作人员：2 号发动机起动正常。

飞行员：1 号发动机起动是否正常?

地面工作人员：1 号发动机起动正常。

地面工作人员：飞机已推到位。请设置停留刹车。

飞行员：收到，停留刹车已设置。发动机正常起动。断开所有地面设备。

地面工作人员：收到。地面设备已断开。再见。

终于起飞

无比重要的『风的信息』

完成所有起飞准备，收到塔台批准起飞的指令和风的信息后，飞机终于可以冲向蓝天。由于飞机需要借助空气的力量在天空飞翔，尤其在起飞与降落时对风十分敏感，因此掌握风的相关信息至关重要。

顺风可以增加飞机巡航时的对地速度，但是对飞机起飞非常不利。尤其在国际航班这种起飞重量较大的情况下，哪怕只是微弱的顺风，飞机也可能因此无法起飞。所以，**飞机需要尽可能逆风起飞。**

风的信息如果像天气预报中“预计北风略强”这样笼统描述的话，是完全派不上用场的，必须像“来自300度方向，风速5节（9 m/s）”这样含有风吹来的具体方位和具体风速。如果在羽田机场遇到这样的风，那么飞机起飞将使用朝北的“34跑道”。夏天刮南风时，则使用“16跑道”等。**羽田机场共有4条跑道，可以应对来自东南西北各个方向的风。**

另外，跑道的编号是以磁方位为基准命名的。比如说羽田机场朝北的跑道，其磁方位是337度，用337除以10后，四舍五入取整数，得出“34”。与其磁方位相反的跑道则从337度减去180度，再计算得出“16”。

如果两条跑道磁方位相同，就称为“34R（右）跑道”、“34L（左）跑道”，以便区别。羽田机场过去的跑道磁方位是333度，所以跑道编号为“33”。

起飞速度

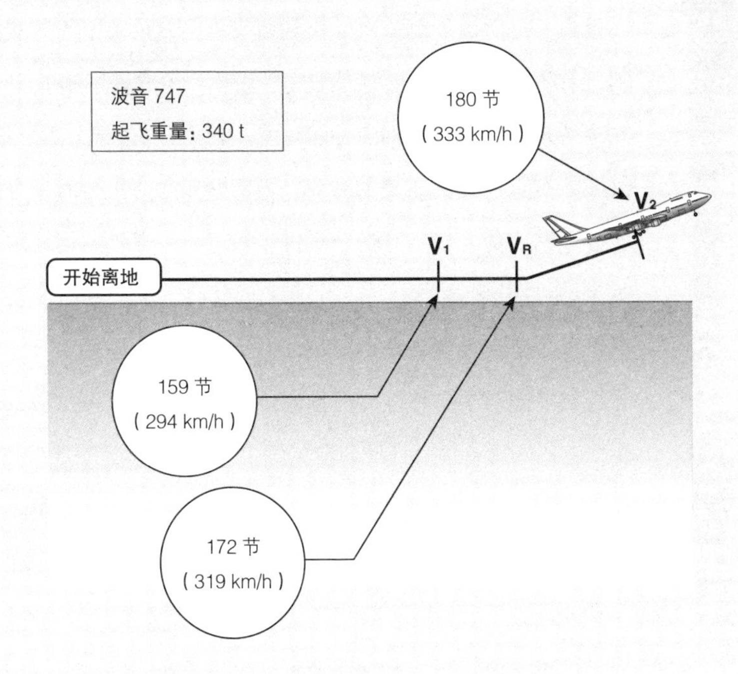

法律上的定义

V1　起飞决断速度。为能够在加速停止距离的范围内紧急刹车，需要飞行员在起飞过程中进行初期操作（如：使用刹车、减少推力、使用减速板）的速度。另外，也指飞机在临界发动机出现故障后，飞行员继续起飞并保证飞机在起飞距离范围内能够到达起飞高度的最小起飞速度。

VEF　假设临界发动机在起飞过程中发生故障时的速度。

VR　抬前轮速度。

V2　安全起飞速度。

※ 临界发动机指的是，在任意一种飞行姿态中，出现故障时对飞行影响最大的一台或多台发动机。

起飞速度在实践中如何运用？

三个起飞速度：V1、VR、V2

收到准许起飞的指令后，飞行员首先将推力杆推到起飞输出功率的约 70%，待所有发动机稳定下来后，再调整到起飞推力。之所以不能一次性推到起飞推力，是由于喷气式发动机有个特点，即加速性能较差。特别是**从慢车状态提升到 70% 左右这一过程的加速性能较差，如果左右的推力不一致，机头就有可能偏离正确的方向**。当调整到起飞推力时，身体就会紧贴座椅，切实感受到飞机在加速。速度表的指针刚超过 V1 时，松开推力杆。这代表飞行员已下决心，即使发动机出现故障，也不会原路返回。相反，在速度达到 V1 之前，飞行员要随时准备将推力杆推到慢车位。因为如果要紧急停止，首先必须将推力杆推到慢车位，才能进行制动。

以 VR 使机头仰起后，飞机将离开陆地升到空中。飞机离开地面升到空中叫作**升空**，英语叫作“lift off”，也叫“airborne”。

飞机升空之后，只要速度超过 V2，就可以暂时放心了。鸟儿在刚飞起时会拼命扇动翅膀，飞上天空之后则悠然扇动翅膀，这大概也是因为其速度达到了 V2 的缘故。

飞机继续爬升，达到预定的巡航高度后，转为水平飞行。

发动机加速到预定的巡航速度后，推力会自动由上升推力调整到能维持巡航速度的推力。这意味着飞机已进入飞行过程中最稳定轻松的巡航状态。

开始下降并着陆

着陆需要动力

制订飞行计划时，需要对巡航方式进行周密的讨论，包括在巡航中如何高效率地飞行，也就是以什么样的高度和什么样的速度巡航。

这是因为不同的巡航方式，其所消耗的燃油量也大不相同。尤其是国际航线等长途飞行更是如此。

例如在 11 个小时的飞行中，起飞、上升、下降、着陆所需时间共计 1 小时左右，其余 10 个小时都处于巡航状态。假设这 10 个小时巡航需要消耗燃油约 600 桶，那么，哪怕只提高 1% 的巡航效率，也能够节约 6 桶燃油。当然，如果是短距离飞行，多次积累下来也能够节省不少燃油，这与积土成山是一样的道理。

飞机接近目的地，结束长距离的巡航，开始降落。在开始降落前，发动机的声音会突然变安静，由此可知，降落过程中使用的推力是最小推力，即处于慢车状态。

由于着陆时的速度来自支撑飞机重量的升力，因此其速度的大小根据着陆时的重量会有所不同。**普通喷气式客机时速为 300 km 左右**。由于襟翼和起落架放下后，空气的阻力会变大，所以这时发动机的推力与降落时不同，并不是慢车状态。即将着陆时，发动机发出的力相当于起飞推力的 70% 左右。此外，顺风不利于着陆，因此，**与起飞时一样，着陆也需要逆风进行**。